本当はすごい小学算数

小田敏弘
Toshihiro Oda

日本実業出版社

中学入試は"一流シェフのお子様ランチ" ——はじめに

　本書は、中学入試の算数の問題を、様々に紹介していく本です。

　"中学入試の算数"というと、「よくはわからないけど、なんだか難しいもの」というイメージを持っている人も多いのではないでしょうか。実際、こんな難しい問題を解く小学生がいるのか、という素直な感心の声や、逆に、これを小学生に解かせる意味はあるのか（解かせるのはかわいそうだ）、という批判の声をよく聞きます。子供の中学受験を考えている親御さんからは、うちの子供はこれを解けるのだろうか、解けるようになるためには何かものすごい勉強をしないといけないのだろうか、といった不安も聞きます。

　私も正直なところ、中学入試の算数はとても難しいと思っています。しかしだからといって、それが悪いことだとは思っていません。なぜなら、それらは"無駄に難しい"わけではないからです。

　私も昔、中学受験するにあたって、様々な算数の難問を解きました。しかし振り返ってみると、その"勉強"が苦痛だった、という記憶はありません。むしろ、楽しかったとさえいえるでしょう。その理由は単純に、それらの問題が"面白かった"からです。

　中学入試の算数は単に難しいだけでなく、その奥に面白い世界が拡がっています。しかし、実際に中学入試の問題に触れる機会のある人は、かなり限られています。昔に比べると中学受験への関心もずいぶんと高まったといえ、それは首都圏や京阪神など一部の地域だけの話です。ほとんどの人は、中学入試の問題とは無縁でしょう。

　その現状がすごくもったいない、もっと多くの人にこの面白い世界を知ってほしい、というのが、本書を書いた動機です。

　そういう意味でこの本は、様々な人に読んでもらえると嬉しいの

ですが、その中でも特に、ぜひ読んでほしい人たちがいます。

それは、**数学が苦手だった人**です。

数学を苦手と感じる大きな原因の一つは、それぞれの数学的概念の"イメージ"がつかめていない、というところにあります。

数学は、内容が簡単な段階なら、いわれたとおりにやるだけでも、学習を進めていくことが可能です。いまいちピンとこないと感じることはあっても、テストで悪くない点数を取ることはできます。しかしそのまま学習を進めていくと、"なんとなく"は積み重なっていくでしょう。そして、その"なんとなく"の蓄積が一定量を超えたとき、"急にわからなく"なってしまうのです。

一方、それぞれの概念の概観、つまり"イメージ"だけでもつかんでおけば、ピンとくる瞬間が増えてきます。そして、そうやって自分の中で"腑に落ちる"感触さえあれば、意外と苦手とは感じません。"急にわからなくなる"ことも、うまく回避できるのです。

その"数学のイメージ"をとらえるために、ちょうどいい題材こそ、「中学入試の算数の問題」なのです。中学入試は小学生に解かせるのだから、それは"数学"ではなくて"算数"だろう、と思いますか。中には、"数学"を使わずに解くのが中学入試の問題だから、"数学"とはまったく別物だ、とまでいう人もいるでしょう。

しかしここで、見落としてはいけない事実が一つあります。

それは、中学入試をつくっているのはそれぞれの中学校の先生方だ、ということです。中学校の先生方は、もちろん"数学"の先生です。"算数"の先生ではありません。そして、その入試を突破するということは、その先生の授業を受けることになる、ということです。いわゆる"名門中学校"には、熱意にあふれる先生がたくさんいらっしゃいます。そういった先生方は、自分の授業で、数学の

深い話や面白い話をしたい、と思っています。しかしそうすると、当然授業は"難しく"なるでしょう。その自分の授業についてこられそうな子供、興味・熱意を持って聞いてくれそうな子供を選別するためにつくっている問題こそ、中学入試の問題なのです。

　中学入試で問われているのは、数学ができるかどうか、です。そうはいってももちろん、単純に「方程式が扱える」というような表面的なことは求められていません。そういったことは、中学に入ってから勉強すればいいでしょう。問われているのはむしろ、それらを学習していける基盤ができているかどうか、です。数学を学習していくうえで必要な姿勢が身についているかどうか。様々な数学的なトピックに対して興味を持っているかどうか。学習した概念に対して、より"本質的理解"へと近づいていく気があるかどうか。そして実際に、その本質的なイメージがつかめているかどうか。そういったことが問われているのが、"中学入試の算数"なのです。

　中学入試の算数で数学を学んでいく基礎ができているかどうかが問われているということは、逆にいえば、中学入試の算数の問題を解けるよう勉強すれば、数学を学ぶ基盤を身につけることができる、ということです。もちろん、実際に解けるためのトレーニングは結構大変です。しかしまずはそのアイディアやイメージに触れるだけでも、"数学"との距離は少し縮まることでしょう。

　"中学入試の算数の面白さ"の正体は、"数学の本質の面白さ"です。中学校の先生方は、数学の重要な概念のエッセンス、つまり"美味しいところ"をうまく抽出し、小学生でも"飲み込める"よう、うまくアレンジしてくれています。その意味では、中学入試の問題は、"一流のシェフがつくるお子様ランチ"ということもできるでしょう。その世界を、ぜひ堪能してみませんか。

Contents

本当はすごい小学算数

はじめに
中学入試は"一流シェフのお子様ランチ"

「考える力」よりも大事な「やってみる力」

"考える力"より大事なもの ……………… 011

"やって"みるから気づくことがある ……………… 015

"やって"みることは理解につながる ……………… 019

"数学者"への第一歩を踏みだそう ……………… 023

知恵で解くか、方程式で解くか？

方程式を扱う"センス" 過不足算 ……………… 031

数式の基本的操作①
同類項をまとめる 和差算・分配算 ……………… 035

数式の基本的操作②
分配法則 差集め算・損益算 ……………… 041

数式の基本的操作③
マイナス×マイナス＝プラス 相当算 ……………… 047

数式の基本的操作④
連立方程式を解く 消去算 ……………… 053

方程式は"立てる"のが難しい ニュートン算 ……………… 057

方程式は頭を使う 倍数算・年齢算 ……………… 061

第3章　未来を切り拓く道具としての関数・数列

つるかめ算は方程式ではない ……………… 069

なぜ関数を学習するか ……………… 075

関数は"数式"で表せるとは限らない ……………… 081

数列の一般項とは何か ……………… 085

"変化の様子"を手がかりにする　漸化式 ……………… 089

三項間漸化式と連立漸化式 ……………… 095

第4章 分数・小数で"数の世界"を拡げる

なぜ分数の割り算は
ひっくり返してかけるのか …………… 103

小さな単位としての分数 …………… 109

比の値としての分数 …………… 113

割り算の答えとしての分数 …………… 117

数の世界を区切る"カベ" …………… 123

「数」を「数字」で表現する …………… 129

「数」を分解してとらえる …………… 135

第5章 偉大な数学者たちを魅了してきた整数

世界は2種類の数でできている **偶数と奇数** …………… 143

分けられない美しい数 **素数** …………… 147

数の個性とは **算術の基本定理** …………… 153

数字のカケラの組み合わせ方 **約数の個数** …………… 159

数字のジグソーパズル **約数の和と完全数** …………… 165

割り切れない数の話 **中国剰余定理** …………… 171

過去の天才から未来への贈り物
オイラーのトーシェント関数 ……… 177

無限の世界を巻き取る算術 **合同算術** ……… 181

数も見た目が9割くらい **倍数判定法・九去法** ……… 187

無限の砂浜できれいな貝殻を探す
ディオファントス方程式 ……… 193

図形の問題とその向こうに見える"数学の原型"

長さと角度を"対応づける"道具
三角関数の入り口 ……… 201

直角三角形から拡がる世界
ピタゴラスの定理 ……… 207

図形パズルを楽しもう
ボヤイ＝ゲルヴィンの定理 ……… 213

曲線図形の面積に挑戦する
円積問題とヒポクラテスの月 ……… 219

曲線の長さを測るアイディア
アルキメデスと円周率 ……… 223

無限小の世界に迫る
アルキメデスと取り尽くし法 ……… 229

面積・体積の研究の成果
カヴァリエリの原理から積分へ ……… 233

第7章 物の数を正確に数える工夫

グループごとに分けて数える ……… 241
「同じ数ずつ」なら掛け算を使う ……… 245
わざと重複して数える ……… 251
"集合"の概念を利用する ……… 255
"別の集合"と対応させる ……… 261

+α "算数"の向こうにつながる "数学"の世界

論理的思考とは ……… 269
グラフ理論 ……… 273
加重平均 ……… 279

おわりに
"本当"の算数・数学教育とは何か ……… 285

> 本書で紹介している解答および解法は著者の見解・主張にもとづくものであり、出題者による公式なものではありません。

カバーデザイン◎井上新八
本文デザイン・DTP◎新田由起子（ムーブ）

第 1 章

「考える力」よりも大事な「やってみる力」

Introduction

算数・数学ができるようになるために必要なもの

　算数・数学ができるようになりたいと思ったとき、最初にやるべきことは何でしょうか。もし私がそう聞かれたら、「それは"やってみる力"を身につけることだ」と答えます。

　そういうと、"考える力"ではなくて？と思う人もいるでしょう。しかし、"やってみる力"があれば、"考える力"はあとからいくらでも伸ばせます。逆に、多少"考える力"があったところで、"やってみる力"がなければ、それを伸ばしていくことは難しいでしょう。そういう意味で、"やってみる力"は算数・数学の"伸びしろ"を決定づける重要な要素なのです。

　中学入試でも、"やってみる力"が問われる問題がよく出ます。有名中学の先生方は、"やってみる力"こそ、算数・数学の一番の才能だと、よく知っているからです。

"考える力" より大事なもの

【問題】
　次の式の□には、足し算の記号＋か、掛け算の記号×のいずれかが入ります。正しい式になるような＋，×の入れ方を2通り答えなさい。

$$1\square 2\square 3\square 4\square 5 = 2\square 3\square 4\square 5\square 6$$

（2008 麻布中 一部小問略・表現改）

> Hint!
>
> すべての空欄に「＋」を入れるとどうなるでしょう。
> 　1＋2＋3＋4＋5＝2＋3＋4＋5＋6
> これは成立していませんね。すべて「×」ならどうでしょう。
> 　1×2×3×4×5＝2×3×4×5×6
> これも違います。他にもいろいろ試してみてください。
> 結局のところこの問題は、うまく成立する組み合わせを"見つけ"さえすればいいのです。

算数・数学の問題は"考えて"解くものだと思っている人も多いでしょう。しかし、誤解を恐れずいってしまえば、それは大きな間違いです。算数・数学の問題を解くとき、"考える"よりももっと大事なことがあります。何だと思いますか。それは"やって"みることです。

たとえば今回のような問題を解くとき、まずは適当に、

　$1 \times 2 \times 3 \times 4 \times 5 = 2 + 3 + 4 + 5 + 6$

とでも入れてみます。計算すると、左側は120、右側は20になりますね。等式が成り立たないので、もちろんこれは不正解です。しかし、不正解だからそこで終了、というわけではありません。次は、

　$1 + 2 \times 3 + 4 \times 5 = 2 \times 3 \times 4 + 5 + 6$

とでも入れてみればいいのです。左側が27、右側が35となるのでこれも正解ではありません。しかし、そうやっていろいろと記号を入れて計算しているうちに、正解は見つかるでしょう。

「"やって"いけばそのうち答えが見つかるよ」というと、「そんなのでいいの？」と疑問に思うかもしれません。一つひとつ調べていくなんて面倒だし、本当はもっと楽に解ける「うまい解き方」があるのではないかと思う人もいるでしょう。それこそ"考え"れば、そういったやり方が見つかるはず、と。

結論をいえば、この問題は、地道に探していく以外に正解にたど

りつく方法はありません。ある意味では地道に一つずつ調べていくことこそ、一番うまいやり方なのです。

　もちろん、「調べ方」そのものを工夫することはできます。たとえば、式の両側を同時に考えるのではなく、左側の式と右側の式を別々に調べてみましょう。

```
左側の式                      右側の式
1 + 2 + 3 + 4 + 5 = 15        2 + 3 + 4 + 5 + 6 = 20
1 + 2 + 3 + 4 × 5 = 26        2 + 3 + 4 + 5 × 6 = 39
1 + 2 + 3 × 4 + 5 = 20        2 + 3 + 4 × 5 + 6 = 31
……                            ……
```

　こうすれば、あとは同じ答えになるところを探すだけですね。やみくもに調べるより、楽に正解が見つかるでしょう。正解は、一つが上に出ている「1 + 2 + 3 × 4 + 5 = 2 + 3 + 4 + 5 + 6」で、もう一つは「1 × 2 + 3 + 4 × 5 = 2 + 3 × 4 + 5 + 6」です。

　"考えて"解こうとする意識は、逆に問題解決の妨げになることさえあります。実際、今回の問題も、"考えて"解こうとすると、何から考えていいのかわからず、結局何も手をつけられずに終わってしまうでしょう。

　「考えてみたけど、どう考えていいかわからなくて結局解けない」というのは、算数・数学が苦手な人にありがちな失敗パターンです。たくさん考えて、それでも問題が解けず、自分は数学に向いていないのではないか、と思ってしまうのです。そうならないためには、まず"やって"みる姿勢を身につけておくことが大事です。

もし目の前に宝箱があったら？

「算数・数学はうまい解き方を"考える"ものだ」と思い込んでいる人に対して、私はよく、次のような例え話をします。

あなたの目の前にはいくつかの宝箱があります。そのうちの一つには宝が入っており、残りは空っぽです。しかし、外見はそっくり同じで、まったく区別がつきません。さて、あなたはどうしますか。

こういうふうに質問すると、多くの人が「全部の宝箱を開けてみる」と答えます。もちろん、それが正解です。そしてこれは、実は算数・数学でもまったく同じなのです。

今回の問題で、左右の式の記号の入れ方は、それぞれ16パターンずつしかありません。つまり、32個の"宝箱"を片っ端から開けていけば（最悪でも32回計算すれば）、宝（正解）は必ず見つかるのです。実際には「見つければおしまい」なので、開けてみる宝箱は、もっと少なくて済むでしょう。

一方、"考える"というのは、宝箱を開けずに外観を調べているのと同じです。実際に開けてみれば、宝が入っているかどうかはすぐわかります。それなのに、一生懸命「何か違いはないかな」と見比べている人がいたら、なんだか間が抜けて見えませんか。

算数・数学では、空の宝箱を開けても、罠が仕掛けてあったり、モンスターが飛び出してきたりすることはありません。それが空だと気づいたら、何度でも別の宝箱を開けるチャンスがあります。それなら、開けられる宝箱はすべて開けてしまえばいいのです。

"やって"みるから気づくことがある

第1章 「考える力」よりも大事な「やってみる力」

【問題】

2を2000個かけた数 $\underbrace{2 \times 2 \times \cdots\cdots \times 2 \times 2}_{2000個}$ の一の位の数を答えなさい。

(2007 東大寺学園中 改)

> Hint!
>
> 「2000個かける」といっても「全部計算しろ」というわけではありません。しかし、だからといって何もせず、"考えて"いるだけではなかなか答えは見えてこないでしょう。
> 2を1個かけた数(つまり「2」)の1の位は何になりますか。2を2個かけた数は? 3個だとどうなりますか。順番に"やって"いくと、何かに気づきませんか。

"考えて"もうまくは解けない

　先ほどの問題は、確かに"やって"みるしかありませんでした。とはいえもちろん、そんな問題ばかり、というわけではありません。中には、うまい解き方が存在する問題もあります。それなら、そういった問題ならやはり"考え"たほうがいいのではないか、と思う人もいるでしょう。

　今回の問題も、中学入試では定番で、「うまい解き方」のある問題です。しかし、この問題を初めて見たとき、"考えて"その「解き方」にたどりつくことはできるでしょうか。

　経験上、この問題を"考えて"解こうとする人は、ほとんどの場合、間違った答えにたどりつきます。よくある間違いの一つめは、「2×2000＝4000なので1の位は0」としてしまうパターンです。これは問題の意図の取り違えでもありますね。2を2000個かける、というのは、問題文に書いてあるとおり2×2×…×2のはずです。2×2000では、2を2000個"足し算"しただけです。

　他には、「2を10個かけると1024となり、1の位は4。2000個かけるとその200倍で800、つまり1の位は0」とする人もいます。もちろんこれも、間違いです。

わからないのは「情報不足」のせい

　「下手の考え休むに似たり」といいます。少し考えてわからないことは、たくさん考えてもわからない、ということです。

　頭が悪いなら考えても無駄だ、といいたいわけではありません。考えてもわからないとき、単に考えるための材料が不足しているだけ、ということも多いです。

解くために必要な情報が足りていない状態では、いくら"考えて"も時間の無駄にしかなりません。少ない情報をこねくり回して、なんとか結論をひねり出したとしても、それは的外れであることがほとんどです。先ほどの「宝箱」の例え話でいうと、何気ない傷を見つけて「ここに目印っぽい傷があるからこれに宝が入っている！」といっているのと同じでしょう。たまたま宝が入っていることもあるかもしれませんが、それは単に幸運だったというだけの話です。

大事なことは、やはり"やって"みることです。この問題、2を2000個実際にかけてみれば答えが出る、ということには気づいているはずです。それなら、まずは順に2をかけていけばいいのです。今は試験中ではないので、電卓を使ってもかまいません。

1個： $\underline{2}$　（1個かける、というと混乱しますが、これはそのまま2のことです。）
2個： $2 \times 2 = \underline{4}$
3個： $2 \times 2 \times 2 = \underline{8}$
4個： $2 \times 2 \times 2 \times 2 = 1\underline{6}$
5個： $2 \times 2 \times 2 \times 2 \times 2 = 3\underline{2}$
6個： $2 \times 2 \times 2 \times 2 \times 2 \times 2 = 6\underline{4}$
7個： $2 \times 2 \times 2 \times 2 \times 2 \times 2 \times 2 = 12\underline{8}$
8個： $2 \times 2 \times 2 \times 2 \times 2 \times 2 \times 2 \times 2 = 25\underline{6}$
……

問題に「一の位の数を答えなさい」と書かれているので、一の位に注目します。何か気づきませんか。
一の位は、2, 4, 8, 6, 2, 4, 8, 6……と、「2, 4, 8, 6」の繰り返しになっていますね。そこに気づけば、答えまではあと少しです。4個ずつ繰り返すということは、2000個でちょうど500周して、一の位は6になっているはずです。

 算数が得意な人は気軽に「最初の一歩」を踏み出す

　算数・数学において、"考える"ことはもちろん大事です。しかしそれ以前の話として、"考える"材料を集めてくるため、実際に手を動かしてみることのほうが大事です。

　算数・数学の得意な人と苦手な人の大きな違いの一つは、動き出しのタイミングにあります。苦手な人が問題を読み終わっても最初の一歩がなかなか踏み出せないのに対し、得意な人は読み終わった直後からすでに手が動いています。
　その様子を外から見ると、「算数・数学の得意な人は、瞬間的に何かひらめいているんだ。すごいな」と思うかもしれません。しかし、それは違います。問題を読んだ直後に手が動くのは、「よくわからないけど、とりあえず何かやってみている」だけです。そしてやってみた結果、今回の問題の「繰り返し」のような重要なヒントを"発見して"いるだけなのです（得意な人の中には、頭の中でこの手の試行錯誤をやってしまえる人もいて、そういう人はじっくり"考えて"いるように見えるのがまた難しいところです）。

　2000個かけるというと、それは面倒くさいと思うでしょう。うまい解き方を"考えて"楽をしたいと思うのも自然です。
　しかしだからといって、そこで手を止めてしまっているうちは、なかなか算数・数学ができるようにはなりません。そんなとき、「最悪2000個計算してすれば答えがわかる、でもどうせ2000個計算する前には何かがわかるはず」と思うようにしましょう。片っ端から宝箱を開けてみれば、たとえその宝箱に宝が入っていなくても、「このあたりにはないよ」「近くにあるよ」といった、"ヒント"が出てくることがあるはずです。

"やって"みることは理解につながる

【問題】

百の位と十の位の数が異なる3桁の整数Aに対して、次の操作を行います。

> （操作）　Aの百の位と十の位の数の差、十の位と一の位の数の差、百の位と一の位の数の差を順に百の位、十の位、一の位とする3桁の整数を作る。

この操作で作られた数を【A】と表します。

例えば、【305】＝ 352、【737】＝ 440 となります。

このとき、次の7つの3桁の整数のうち、操作を行うことではつくられない数をすべて答えなさい。

100, 242, 345, 424, 522, 633, 725

(2015 聖光学院中 一部小問略)

Hint!

問題の文章そのものは、「わからない」というほどのものでもないでしょう。しかし、問題を読み終えていざ解こうとしたとき、何をすればいいのかわからず、困ってしまった人も多いのではないでしょうか。ここでも大事なことは、やはり"やって"みることです。【A】が100になるとしたら、Aにはどういう数が入るでしょうか。242になるなら？　そうやって、いくつか実際に"やって"みることで、今回の「操作」への理解を少しずつ深めていくのです。

解法

よくわからない問題こそ"やって"みる

　算数・数学の問題を解くなかで、「文章は理解できるけど、何をいっているかさっぱりわからない」と感じたことは、誰でも一度はあるでしょう。そんなとき、そこで手を止めてしまえば、当然「わからない」ままです。問題の意図をつかみ、その先へと解き進めるためには、やはり"やって"みるしかありません。

　今回はインパクトを出すため、元々（1）から（4）まであった小問のうち、（3）以外を省略しました。これだけ見るとかなりの難問に見えますが、だからといって手を止めてしまってはいけません。

　まずは操作を確認しましょう。例に挙げられた305など、いくつかの数で実際にこの操作を"やって"みてください。右のような図があればわかりやすいですが、逆にいえば、これを自分で描けるようにするのが目標です。

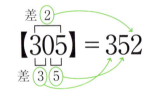

　次に"やって"みるのは、「操作後の数からもとの数に戻す」ことです。実際、省略した（2）も「【A】 = 231 となる A として考えられる3桁の整数が全部でいくつあるか」という問題でした。

　【A】 = 231 のとき、操作後の百の位が2なので、Aの百の位と十の位を、まずは適当に4と6にでもしてみましょう。そうすると、Aの一の位は9（= 6 + 3）か3（= 6 − 3）のどちらかですが、百の位との差は1なので、3に決まります（このときAは463）。

　他にもいくつか"やって"みたとき、Aの「百の位と十の位の差（xとします）」と「十の位と一の位の差（yとします）」を決めると、

「百の位と一の位の差（zとします）」は自動的に決まることに気づきますか。zは、xとyの和、または差になっていますね。つまり、操作後の数は「一の位が、百の位と十の位の和か差になっている数」でないといけません。操作後の数として「できるもの」と「できないもの」の違いが、ここで見えてきたのです。

そこまでこの「操作」を理解できれば、19ページの問題も解けるでしょう。答えは100，345，424，522です。

数学が得意な人も「わからない」を経験している

数学が苦手な人の話を聞くと、「数学が得意な人は、どんな難しいものでも簡単に理解できる」という幻想を持っていることが多いようです。だからこそ、"よくわからないもの"と出会ったときに「簡単に理解できない自分は、数学の才能がないのだろう」と思い込んでしまい、その結果、数学が嫌いになっていくようです。

しかし、その"イメージ"は本当に正しいのでしょうか。よくよく考えてみてください。数学で扱うのは、様々な具体的な事例から抽出された、ものの"本質"です。そういう意味では、数学が難しい（よくわからない）のは当たり前です。そもそも数学は、多くの天才たちが長い時間をかけて積み重ねてきた、いわば人類の叡智の集大成です。そのすべてをスムーズに理解することは、いくら才能があっても不可能だと思いませんか。

実際、数学が得意な人でも、「わからない」瞬間を必ず経験しています。そこまでは、得意な人も苦手な人も同じなのです。それでは、得意な人と苦手な人の違いはどこにあるのでしょうか。

それは、"やって"みるかどうか、です。

たとえば、「$1^2 + 2^2 + \cdots + n^2 = \dfrac{1}{6} n (n+1)(2n+1)$」とい

う公式が高校数学で出てきます。整数ばかり足したはずなのに、なぜか分数が出てくる、とてもうさんくさい公式です。こういった"よくわからないもの"に出会ったとき、"数学の得意な人"は、まず具体的にいくつか数値を入れてみるのです。

$$1^2 = 1 \qquad\qquad \frac{1}{6} \times 1 \times (1+1) \times (2 \times 1 + 1) = 1$$

$$1^2 + 2^2 = 5 \qquad\qquad \frac{1}{6} \times 2 \times (2+1) \times (2 \times 2 + 1) = 5$$

$$1^2 + 2^2 + 3^2 = 14 \qquad\qquad \frac{1}{6} \times 3 \times (3+1) \times (2 \times 3 + 1) = 14$$

どうでしょう。本当に成立していますね。すごい！と感動したりしませんか。邪魔に見えた"$\frac{1}{6}$"も、毎回きれいに約分できます。面白い、不思議だな、と思ったりしませんか。そういう心の動きも、数学を"自分のもの"にしていく重要な要素なのです。

「数学の勉強」とは、自分の中の"数学の庭"を育てることです。授業を聞いただけ、参考書を読んだだけ、というのは、その庭の外にある"数学の世界"を、ただ鑑賞している状態にすぎません。

その状態では、なかなか「理解する」ところまではいけないでしょう。理解したつもりでも、テスト中には正確に思い出せないかもしれません。定期試験までは覚えていたのに、しばらく経ったら忘れている、ということもあるでしょう。そうなってしまうのは、自分の中の"数学の庭"にそれらがまだ置かれていないからです。

大事なことは、"やって"みることです。具体的な値を入れてみたり、証明の過程を自分で追ってみたり、途中の計算を自分でやってみたり。そうやって実際に"数学の世界"を探検し、見つけたものを持ち帰ってくることで、自分の中の"数学の庭"が豊かになり、本当の意味で数学を"身につける"ことができるようになるのです。

"数学者"への第一歩を踏みだそう

【問題】

図のように、1辺8cmの正方形の辺上に点A, B, C, Dをとります。

　㋐cm +㋑cm = 5cm

　㋒cm +㋓cm = 3cm

のとき、四角形ABCDの面積は何cm²ですか。

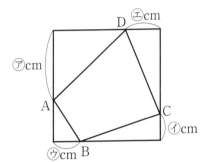

（2008 灘中 表現改）

Hint!

情報が少ないので、どこから手をつけていいか、悩んでしまうかもしれません。こういうときは逆に、どこがわかればいいか考えてみましょう。たとえば、㋐の長さや㋒の長さが具体的にわかれば解けそうですね。とはいえ、これらは簡単にはわからなさそうです。そこで、㋐の長さと㋒の長さを適当に決めて計算してみましょう。何種類かの組み合わせで試してみると、面白いことが見えてきます。

「変わらないもの」を探しに行く

　この問題にもうまい解き方があります。しかしその発想は秀逸で、簡単に思いつけるものではないでしょう。それでは、これを解けるのは、選ばれた人だけなのでしょうか。実は、そういうわけでもありません。この問題は、解くだけならそんなに難しくないのです。

　ここでの武器も、やはり"やって"みることです。㋐＋㋑が5cmなので、㋐が5cm、㋑が0cmということにしてしまいましょう。また、㋒＋㋓が3cmなので、㋒が0cm、㋓が3cmとしてみます。そうすると、四角形ABCDは図1のような形になります。

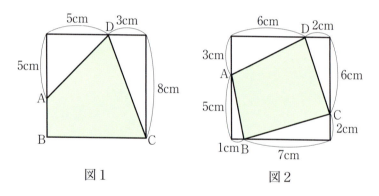

図1　　　　　　　　　図2

　この形の面積を求めるのは、それほど難しくありませんね。正方形から白い部分の面積を引くだけです。計算すると、

　　$8 \times 8 - (5 \times 5 \div 2 + 8 \times 3 \div 2) = 39.5$（c㎡）

となります。

　他のパターンでも計算してみます。もしかすると㋐が3cm、㋑が2cm、㋒が1cm、㋓が2cmかもしれません。このとき四角形

ABCDは図2のようになります。この面積も、同じように求めることができますね。計算すると、これも 39.5㎠ になりませんか。

いろいろ数字を変えて"やって"みてください。㋐+㋑ = 5cm、㋒+㋓ = 3cm、という条件なら、答えはつねに 39.5㎠ になるはずです。つまり答えは **39.5㎠ なのです**

そんな解き方で本当にいいの？と思う人もいるでしょう。もちろん私も、この解き方で満点をあげられるとは思っていません。しかしここでは、具体的な数値を入れて、実際に"やって"みることの重要性を実感してほしいのです。どんな値にしても結果がすべて同じになる、というのは、なんだか面白くありませんか。

こういった「具体的な値に関係なく成立するもの」を発見することこそ、数学の醍醐味です。

ちなみに、この問題の"うまい解き方"は、次のとおりです。

図のように、点 A, B, C, D からそれぞれ反対側に直線を引きます。そうすると、○と○、△と△、□と□、◎と◎はそれぞれ同じ三角形になるので、面積も同じです。つまり、四角形 ABCD の面積は、余白（白い部分）の面積より☆の分だけ大きい、ということになります。㋐+㋑ = 5cm、㋒+㋓ = 3cm なので、㋔は 3cm、㋕は 5cm となり、☆の部分の面積は 3 × 5 = 15（㎠）です。

正方形全体は 8 × 8 = 64（㎠）なので、(○ + △ + □ + ◎) × 2 が 64 − 15 = 49（㎠）となり、四角形 ABCD の面積（正解）は、(○ + △ + □ + ◎) + ☆、つまり 49 ÷ 2 + 15 = 39.5（㎠）です。

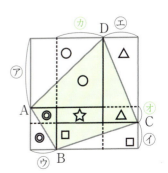

いかがでしょうか。綺麗な解き方ですね。このような解き方、なかなか思いつくものではありません。正直私も、初めて知ったときは素直に「すごいな」と思いました。自分で思いついた人は、相当算数・数学のセンスがある人です。

"やって"みることは"数学する"こと

【問題】
約数をすべてたすと 195 となり、約数の逆数をすべてたすと $2\frac{17}{24}$ となる整数は何でしょう。

(2011 甲陽学院中 表現改)

「**約数**」とは、「その数を割り切ることのできる数」のことです。たとえば、18 は 3 で割り切れるので、3 は 18 の約数です。18 は 4 では割り切れないので、4 は 18 の約数ではありません。1 や 18 も 18 の約数です。「**逆数**」は、「もとの数にかけると 1 になる数」のことです。たとえば、2 の逆数は $\frac{1}{2}$ で ($2 \times \frac{1}{2} = 1$)、$\frac{1}{2}$ の逆数は 2 です。また、1 の逆数は 1 です。

この問題も、実際に"やって"みるのが一番です。たとえば、元の数を 6 とします。約数は 1, 2, 3, 6 の 4 つで、合計 12 です。約数の逆数は 1, $\frac{1}{2}$, $\frac{1}{3}$, $\frac{1}{6}$ で、その和は、

$$1 + \frac{1}{2} + \frac{1}{3} + \frac{1}{6} = \frac{6}{6} + \frac{3}{6} + \frac{2}{6} + \frac{1}{6} = \frac{12}{6} = 2$$

となります。すでに気づいた人もいるかもしれませんが、もう一つ

試しにやってみましょう。今度は 12 の場合です。12 の約数は 1，2，3，4，6，12 の 6 つです。そのままたすと 28 で、逆数の和は

$$1 + \frac{1}{2} + \frac{1}{3} + \frac{1}{4} + \frac{1}{6} + \frac{1}{12}$$
$$= \frac{12}{12} + \frac{6}{12} + \frac{4}{12} + \frac{3}{12} + \frac{2}{12} + \frac{1}{12} = \frac{28}{12} = \frac{7}{3}$$

となります。いかがでしょうか。何かに気づきましたか。

本来は自力で気づくまで他の数でも試してほしいのですが、ここでは話を進めます。先ほどの計算で色をつけた分数をそれぞれ見てください。もとの数が 6 のとき $\frac{12}{6}$、12 のときは $\frac{28}{12}$ です。分母の数はもとの数と同じです。分子の数はどうでしょう。これもどこかで見覚えがありませんか。そう、それぞれの約数の和ですね。つまり、

$$約数の逆数の和 = \frac{約数の和}{もとの数}$$

となっています。これはいわゆる"公式"です。なんと、"やって"みることで、公式を発見してしまったのです。これを利用すると $\left(2\frac{17}{24}=\right)\frac{65}{24} = \frac{195}{もとの数}$ となり、もとの数は **72** とわかります。

多くの人にとって、公式や定理は「学校で教えてもらうもの」かもしれません。しかし、それらは、最初から教科書に書いてあったわけではないはずです。昔どこかの数学者が"発見した"からこそ、今、教科書にそれが載っているのです。公式や定理を「覚える」ことや「理解する」ことが"数学を勉強する"ことだとしたら、「発見する」ことはまさに"数学する"ことだといえるでしょう。

有名中学は"小さな数学者"を求めている!?

　数学の歴史は、発見の歴史でもあります。数学者の仕事というと、公式や定理を"証明する"という印象が強いかもしれません。しかし、それと同じくらい、"発見する"ことそのものも、数学者の大事な仕事なのです。

　まだ証明されていない公式（定理）は「予想」と呼ばれます。「フェルマー予想（最終定理）」や「リーマン予想」という単語を聞いたことのある人もいるでしょう。面白い「予想」は、多くの数学者がその証明に挑戦します。結果として証明には至らずとも、その過程ですばらしいアイディアが多数生まれたり、さらに新しい「予想」が発見されたりします。そういった意味で、優れた「予想」は数学を発展させる原動力にもなるのです。

　今回発見した"公式"は、問題として出題されている以上、すでに他の人にも発見されているものです。わざわざ手間をかけて発見しなくても、知っていれば問題は解けます。実際に入試に出された以上、いまは「公式」として教える学習塾もあるでしょう。

　しかしこの問題は、"公式を知らなくてもやっていくうちに発見できる"ところにこそ価値があります。公式を発見して解いた子は、まさに数学者への第一歩を踏み出したといえるからです。有名中学は、受験生に"小さな数学者"であることも求めているのです。

＊　＊　＊　＊

　"やって"みることは、数学の世界への入り口です。いろいろと試行錯誤するうちに、新しいものを発見したり、複雑なものが理解できるようになったりします。そうして自分の世界を拡げていくことこそ、数学の学習の真髄であり、数学をする面白さでもあります。

第 2 章

知恵で解くか、方程式で解くか？

Introduction

算数は方程式ではなく知恵で解くもの？

　算数で方程式を使っていいかどうか、というのは、よく議論の分かれるところです。ある人は「算数は方程式を使わずに解くものだ」といいます。制限された道具だけで"知恵"を使って解くことこそ「算数」の醍醐味だ、という主張です。一方で、ある人はこういいます。「算数の問題なんて方程式を使えばいいじゃないか」と。どうせ中学に入ればすぐに方程式を習うし、それを使えば簡単に解けるのだから、わざわざ難しく解く必要は（そしてその訓練をする必要は）ないのでは、ということです。そうすると今度は、「方程式では解けないが、算数的手法なら解ける問題もある」という反論が出てきます。だから、方程式を使わない"算数的手法"が重要なのだ、というのです。

　いったいどの主張が正しいのでしょうか。

　結論からいうと、これらの主張はそれぞれある面では正しい要素をもちつつ、しかしどれも本質をとらえてはいません。

　中学入試の問題をいろいろと見ていると、算数・方程式・数学の関係について、ある一つの見解にたどりつきます。それは、「中学入試の算数の問題は、方程式をスムーズに使いこなせるようになるための"下準備"である」というとらえ方です。

方程式を扱う"センス" 〜過不足算〜

【問題】

あるクラスの生徒にみかんを配ります。1人9個ずつ配ると19個余り、11個ずつ配ると39個足りません。このとき、生徒は何人で、みかんは何個ありますか。

(2014 愛光中 一部小問略・表現改)

> Hint!
>
> みかんを1人に9個ずつ配るときと、11個ずつ配るときで、必要になるみかんの数の違いは結局いくつになるといっているのでしょうか。

数学が苦手なのは「計算力が不足」しているだけ？

　数学が苦手という人の中には、単に計算力が不足しているだけの人も多いです。中学校ではそこまで悪くなかったのに、高校に入ると急に点がとれなくなったという人はいませんか。

　数学は、計算ミスに非常にシビアです。問題を解く途中で1か所でも間違えると、正しい答えにはたどりつけません。特に、中学から高校へと進んで計算量が増えたとき、計算力が足りないと、正解にたどりつける確率は一気に下がります。それだけではありません。計算力不足は、新しい概念を理解する妨げにもなります。理解のためのエネルギーを、計算に費やしてしまうことになるからです。
　計算ができれば数学ができるようになる、というわけではありませんが、計算ができなければ数学の学習の負担は大きくなるのです。

　数学の学習をスムーズに進めるためには、基礎的な計算ぐらいであれば、無意識にやっても正解できるレベルの計算力が必要です。手順通りにできてそこそこ正解する、というレベルでは、本当は足りません。計算テストで80点というと、あまり悪くないと思うでしょう。しかし、それは「1問あたり5回計算をするテスト」では3割しか正解できない計算力です。点数でいえば、30点です。10回も計算すると、たった10点しかとれません。

　小学生のころ、「九九」を覚えさせられましたね。それに苦労した人もいるでしょう。あれも一種の「基礎計算」のトレーニングです。本質的な話をすれば、九九を覚えることは数学的に重要なことではありません。たとえ九九を覚えていなくても、その都度たし算をして計算していく方法はあります。「3×8は？」と聞かれたら、

3を8回足せばいいだけです。しかし、掛け算が出てくるたびに毎回足し算をしていたら、とても面倒ですよね。だから、現実的な問題として、九九は反射的に正解できるよう、トレーニングをしておいたほうがいいのです。「基礎計算」の内容こそ変わるものの、中学以降の数学でも、これは同じです。

中学入試問題で"数式の操作"のイメージをつくる

計算力を身につけるための一つの方法は、やはり反復練習でしょう。野球選手が素振りをするのと同じで、計算手順を身体が覚えるまで練習し、無意識でも正確に計算できるようにするのです。

しかしそうはいっても、反復練習はとても面倒です。よほど最初から数学が好きでない限り、途中で飽きてしまうことでしょう。

そこで、もう一つ有効なのが、計算をイメージでとらえる、という方法です。感覚的に正しいものをつかめれば、いちいち考えなくても正解できるようになるはずです。

中学以降の数学での「基礎計算」といえば、それはやはり「数式の操作」です。中学入試にはその「数式の操作」のイメージをつくることのできる問題がたくさん出ています。

今回の問題もそういったもののうちの一つで、一般的には「**過不足算**」と呼ばれます。ひとまず状況を絵にしてみましょう。

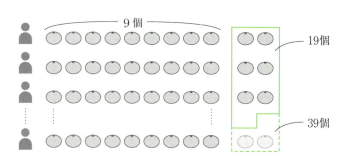

「9個ずつ配る」と「11個ずつ配る」を別々に行うのではなく、9個配ったあとに追加で2個ずつ配る、と考えます。そうすると、追加で配るために必要なみかんが、19 + 39 = 58 個だと気づきますね。これは子供の人数の2倍にあたるはずなので、子供の人数は**29人**となり、みかんの数は 29 × 9 + 19 = **280個**です。

　さて、この問題を方程式にしてみます。子供の人数を x としてみかんの数を表すと、「$9x + 19$」もしくは「$11x - 39$」です。みかんの合計数は同じなので、イコールで結びます。

$$9x + 19 = 11x - 39$$

　あとはこれを解いて x を求めればいいですね。ここで、先ほどの「過不足算」を思い浮かべてみてください。「$2x(= 11x - 9x)$」が「$58(= 19 + 39)$」にあたる、ということが、なんとなく見えてきませんか。つまり、次のように解くことができます（左側の式）。

＜過不足算を使う＞	＜手順通りに解く＞
$9x + 19 = 11x - 39$	$9x + 19 = 11x - 39$
$2x = 58$	$9x - 11x = -39 - 19$
$x = 29$	$-2x = -58$
	$x = 29$

　中学校で習う"手順通り"に解くと、右のようになるでしょう。このときの1行目から2行目への変形を、「**移項**」といいます。多くの中学生が、よく符号を間違えて点数を失うところです。過不足算の手順では、ここを感覚的にクリアしていることに気づきますか。過不足算の問題に触れ、「数式の操作」のイメージをつかむことは、中学以降の「数学」の計算力を向上させることにもつながるのです。

数式の基本的操作①
同類項をまとめる　～和差算・分配算～

【問題】

2つの整数があります。大きな数と小さな数の和は38、差は16のとき、大きいほうの数はいくつですか。

(2014 日本大学豊山中)

> Hint!
>
> 38を半分にして19、19＋16で35、としてしまうと間違いです。そうすると小さいほうは19－16で3となり、和は38ですが、差が32になってしまっていますね。
> それでは、どうすればいいのでしょうか。

解 法

和と差から求める「和差算」

　イメージをつかむというのは、感覚、つまり、センスを磨くということです。感覚やセンスに頼らなくても、手順通りやれば誰でも正解にたどりつくことができるのが数学のいいところだ、という主張もあるでしょう。その主張は、"数学"という大きな枠組みで見れば、きっと正しいのだと思います。しかし個人のレベルで見れば、手順通りにやるのは、はっきりいって面倒です。また、人間は機械でない以上、手順が複雑なら途中でミスもします。そもそも、人間は機械と違って感覚という便利なものが備わっているのですから、それをうまく利用しない手はないでしょう。

　そういうわけでここからは、中学入試の様々な問題を見ていきながら、式を操作する"イメージ"をつくっていきたいと思います。
　最初に紹介するのは「**和差算**」です。和差算とは今回のような、2つの数についての和と差の情報から、もとの数を考える問題です。
　和差算を解いたことがない子に初めて解かせてみると、〈ヒント〉に書いたように、「38を半分にして19、19 + 16で35」としてしまいがちです。しかし、そうしてしまうと正解にならない、というのは、〈ヒント〉にも書いた通りです。

　さてそれでは、どうやって解いていけばいいのでしょうか。一つのやり方としては、"やって"いく、という方法があります。和が38になる組み合わせを順に挙げていき、その中から差が16になるものを探せばいいでしょう。すべて調べなくても、ある程度見当をつけてその周辺だけ見れば、それほど手間はかかりません。
　しかし、当てはめていけば解ける、というだけの問題であれば、"和差算"なんて大仰な名前がつくことはありません。名前がわざ

わざついている、というのは、そこに重要なアイディアがある、ということでもあります。和差算には、実は簡単に解ける"公式"があります。その公式とは、次のようなものです。

(和＋差)÷ 2 ＝大きいほう　　　(和－差)÷ 2 ＝小さいほう

実際に使ってみましょう。

(38 ＋ 16)÷ 2 ＝ 27　　　(38 － 16)÷ 2 ＝ 11

いかがでしょうか。確かに和は 38、差は 16 になっていますね。問題では大きいほうを聞かれているので、答えは **27** です。

なぜ、その公式で解けるのか？

というわけで、無事に問題が解けました。便利な公式ですね。次からも、この公式を覚えておいて使ってみてください。……で終わらせてしまうと、「ちょっと待て」という声が聞こえてきそうです。やはり、なぜその公式で解けるのか、気になるところでしょう。わかりやすいように、次のような図を使って説明していきます。線分の長さで数値の大きさを表しているので「**線分図**」といいます。

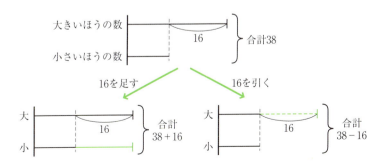

それぞれの線の長さは、数の大きさを表しています。「合計の38」に「差の16」を足すと「大きいほうの数の2つ分」、「合計の38」から「差の16」を引くと「小さいほうの数の2つ分」になるのがわかりますか。それぞれ2で割れば"1つ分"が出ますね。これが、先ほどの"公式"の意味です。

　ちなみにこの方法を方程式で表現すれば、次のようになります。

大 +（大 − 16) = 38
　大 × 2 − 16 = 38
　　　　大 × 2 = 38 + 16
　　　　　　大 = (38 + 16) ÷ 2

　x ではなく「大」という文字で「大きいほうの数字」を表していますが、これも立派に方程式です。x や y の記号に抵抗がある人は、まずこういった多少意味を持った"記号"を扱うところから始めてみるといいかもしれません。

和差算を発展させた分配算

　和差算のこういった考え方を、もう少し発展させると、次のような問題を解くことができます。いわゆる「**分配算**」です。

【問題】
　4000円を一郎、二郎、三郎の3人に分けたら、一郎は二郎の3倍に、三郎は一郎より200円少なくなりました。このとき、二郎のもらえる金額は何円ですか。
　　　　　　　　　　　　　　　　　　　　（2014 聖学院中 表現改）

これをまずは x を使った方程式で解いてみます。二郎のもらえる金額を x とすると、一郎のもらえる金額は $3x$、三郎のもらえる金額は $3x - 200$ ですね。つまり、次のような等式が成り立ちます。

$$3x + x + 3x - 200 = 4000$$

これを解いていくと、

$$\begin{aligned} 3x + x + 3x - 200 &= 4000 \\ 7x - 200 &= 4000 \\ 7x &= 4200 \\ x &= 600 \end{aligned}$$

となり、答えは 600 円です。
　いかがでしょう。スムーズに答えまでたどりつけますか。実は、この計算の1行目から2行目にも、数学の計算を習い始めた子供たちのよく引っかかるポイントがあります。

✏ 混ぜられる「項」と混ぜられない「項」がある

　「$3x$」や「200」のことを「**項**」といいますが、この「項を整理していく」というのは、慣れないうちはなかなか難しいでしょう。たとえば、$4 + x = 4x$ とする子はよくいます。$3x - 3 = x$ とする子も結構います。文字が出てくるまでは、計算していくと最後は一つの"項"しか残らないので、「x の項」と「数字の項」をどうしても混ぜてしまいたくなるのかもしれません。そういう気持ちはわからないでもないですが、しかし、数学的には間違いです。
　数式の中には混ぜられる項と混ぜられない項があります。その事実を把握しているかどうか、そして、混ぜられるものだけをスムー

ズに混ぜられるかどうか、といったところも数式を操作するセンスの一つといえるでしょう。

そのイメージを感覚的につかむヒントになるのが、今回の和差算、分配算の問題なのです。

ここで、先ほどの分配算の問題をもう一度見てください。今度は問題の条件を、線分図で表してみます。

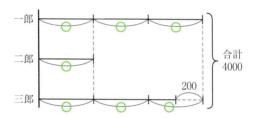

二郎のもらえる金額を「ひと山分」として、しるしをつけてみました。こうすると、「4000円」が二郎の7倍から200円を引いた金額と等しい、ということはすぐ見えますね。よって、二郎のもらえる金額は、(4000 + 200) ÷ 7 = 600円です。

先ほどの和差算と同じように、二郎のもらえる金額を「二」とした方程式をつくってみます。

$$二 \times 3 + 二 + 二 \times 3 - 200 = 4000$$
$$二 \times 7 - 200 = 4000$$
$$二 \times 7 = 4000 + 200$$
$$二 = (4000 + 200) \div 7$$

先ほどの線分図を思い浮かべながらこの式変形を見てみると、1行目から2行目がスムーズに理解できると思いませんか。

数式の基本的操作②
分配法則　〜差集め算・損益算〜

【問題】

　同じページ数の本を、Aさんは1日に7ページずつ、Bさんは1日に5ページずつ、同時に読み始めました。Aさんがちょうど読み終わった日に、Bさんのほうはまだ114ページ残っていました。この本は何ページありますか。

（2014 鎌倉女学院中 表現改）

Hint!

まずは、Aさんが何日で読み終わったのかを考えましょう。つまり、読んだページ数の差が114ページになるのは何日後か、ということです。

差を集めて解く「差集め算」

今回のような問題を「**差集め算**」といいます。Aさんが読み終わったときにBさんはまだ114ページ残っている、という条件は、「AさんとBさんの読んだページ数の"差"が114ページである」ととらえましょう。Aさんは1日7ページずつ、Bさんは1日5ページずつ読むので、1日ごとに2ページずつ"差"が開いていきますね。ということは、114ページの差がつくのは57(=114÷2)日後です。つまり、Aさんは57日で本を読み終わったとわかり、ページ数は7×57 = **399ページ**となります。差を集めて解くから「差集め算」というわけです。

今回の問題を図にするなら、次のように描くのがいいでしょう。

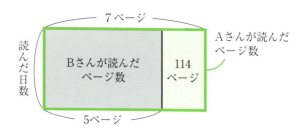

たての長さを「読んだ日数」、横の長さを「1日に読むページ数」とすると、「読んだページ数」は長方形の面積として表すことができます。37ページのような"数値の大きさ"を線分の長さで表す図を「線分図」といいましたが、これに対して、今回のような"数の積"を面積で表す図を「**面積図**」といいます。

薄緑の長方形の面積が、AさんとBさんの読んだページ数の差、114ページを表しています。この長方形の横の長さは2(= 7 − 5)ページなので、たての長さ（つまり、読んだ日数）は57です。

実は、31ページの過不足算も、差集め算の一種です。こちらも面積図を使って表すと、以下のようになるでしょう。33ページの図の人やみかんの絵をつぶして、抽象度を上げたイメージです。

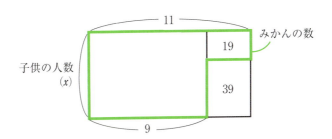

「分配法則」のミスを減らせば「計算力」は上がる

この差集め算で何の"イメージ"をとらえるか、というと、それは「**分配法則**」です。分配法則とは、たとえば、

$$(a + b) \times c \rightarrow a \times c + b \times c$$

とできる、という法則です。また、これを逆に使って、

$$a \times c + b \times c \rightarrow (a+b) \times c$$

とすることもできます。数学の計算では、この分配法則を使う場面がいたるところで出てきます。39ページで「項をまとめる」ときも、実はこの法則を使っていました（だから分配算、というわけではありませんが）。難しい法則ではないものの、実際に使おうとすると意外にミスが頻発する計算でもあります。この分配法則を感覚的に把握できれば、ミスも減り計算力も格段に向上するでしょう。

この分配法則を図で描いてみると、次のようになります。雰囲気

はつかめますか。特に右の図で、$a = 7$, $b = 5$, $c =$「読んだ日数」とすると、今回の問題の図ですね。

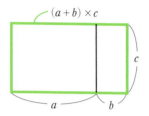 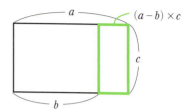

もう1問いきましょう。

【問題】
　ある商品を定価の10％引きで売ると仕入れ値に対して1500円の利益があり、定価の25％引きで売ると仕入れ値に対して750円の損失になります。定価はいくらでしょうか。（2014 穎明館中 表現改）

　このような、物の売り買いをテーマにした問題を「**損益算**」と呼びます。仕入れた値段より高く売れればその分が"利益"になり、安くしか売れなければその分が"損失"になります。ある程度オトナになれば、このあたりの数値関係もすんなり理解できるのですが、子供のうちは物を売ることはおろか、人によっては買うこともなかったりするため、なかなかピンと来ないこともあるようです。損益算は、解くためのアイディアに名前がついているというよりも、よく出てくるテーマだから名前がついている、という部類でしょう。本質的には、数式を扱う問題です。

　ひとまず方程式にしてみます。10％引きは0.9倍、25％引きは0.75倍です。定価を「定」とすると仕入れ値は「定×0.9 − 1500」もしくは「定×0.75 + 750」と表せますね。よって、

$$定 \times 0.9 - 1500 = 定 \times 0.75 + 750$$
$$定 \times 0.9 - 定 \times 0.75 = 1500 + 750$$
$$定 \times 0.15 = 2250$$
$$定 = 15000$$

となります。1行目から2行目への「移項」と、2行目から3行目への「項をまとめる」ところが、間違いやすいポイントでしょう。

線分図を描くと、「移項」のところは見やすくなります（図1）。しかし、38ページの問題と違って、かかっている数が整数ではないので「○個分」と数えていくことができません。面積図にすると（図2）、グレーの長方形が 1500 + 750 円ですね。このたての長さは「定価」で、横の長さが 0.15（= 0.9 − 0.75）です。これが見えれば2行目から3行目への変形も、スムーズにできるでしょう。

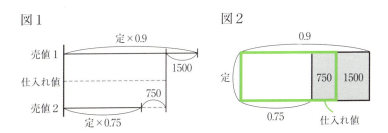

図1　　　　　　　　　　　　図2

✏️ 「式を展開する」という技術

【問題】

正方形のたてと横をそれぞれ 2cm ずつ長くしたところ、もとの正方形の面積より 58cm²増えました。もとの正方形の1辺の長さを求めなさい。

（2014 明治大学付属中野八王子中）

もとの正方形の1辺の長さを x とします。そうすると、たてと横を2cmずつ伸ばした正方形の面積は $(x+2)^2$ となります。これがもとの正方形の面積（x^2）より58大きい、ということなので、

$$(x+2)^2 - x^2 = 58$$

という式ができますね。一見難しそうですが、これも面積図を描いてみましょう（面積"図"というより面積そのものですが）。

　図を描くと外側の正方形の面積は $x^2 + 2x + 2x + 4$ とわかります。ここから x^2 を引くと、$2x + 2x + 4$ ですね（水色の部分）。これが58㎠なので、$4x = 54$ となり、$x = 13.5$ となります。

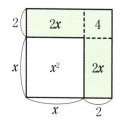

　$(x+2)^2$ を $x^2 + 2x + 2x + 4$（つまり、$x^2 + 4x + 4$）にすることを、「**式を展開する**」といいます。この"式の展開"も、数学では欠かせない技術の一つです。

✏ 算数は「方程式」ではなく「線分図・面積図」で解くもの？

　余談ではありますが、"算数"の先生の中には、"算数"とは（方程式を使わず）線分図や面積図を使って問題を解くものだ、と主張される方もいるようです。しかし、私は正直いって、その主張には賛同できません。賛同できない根拠はいろいろとありますが、その最大の理由は「線分図や面積図は、方程式（やその扱い）を理解するのに役に立つ道具だ」と思っているからです。線分図や面積図は、算数と数学をつなぐ"かけはし"となるポテンシャルを持っています。それを、算数と数学を分断する"壁"として扱ってしまうのは、とてももったいないと思いませんか。

数式の基本的操作③
マイナス×マイナス＝プラス　〜相当算〜

【問題】
ある動物園の入園者数は、大人が全体の入園者の $\frac{3}{7}$ より100人多く、子どもが全体の入園者数の $\frac{2}{5}$ より50人多いです。全体の入園者数は何人ですか。

(2014 日本大学中 表現改)

> Hint!
>
> 「全体の $\frac{3}{7}$ 」と「全体の $\frac{2}{5}$ 」を合わせると全体の何分の何になるか、を計算してみましょう。その合計は、「全体」からは少し足りないですね。足りない部分はどれくらいでしょうか。

「比」は方程式の入り口

　様々な中学入試の問題を見ていったとき、どの学校でもほぼ必ず出題されているのが、比の文章題です。しかし中学の"数学"に入ると、比はあまり姿を見かけなくなります。それはなぜでしょうか。

　結論からいうと、中学以降、比は「方程式」へと姿を変えてしまうからです。比が表しているのは、数同士の関係です。そして、それらの"関係"しか表していません。それぞれの具体的な値はわからない、つまり、それらの数は"未知数"だ、ということです。

　この"関係"を数式で表現すれば、それはまさに「方程式」になりますね。たとえば、「AがBの2倍である（Bを1とするとAは2である）」というのは、実質的には「$B = x$とすると$A = 2x$である」というのと同じです。「$A : B = 3 : 5$」といわれたら、これは「$B = 5x$とすると$A = 3x$である」（もしくは、「$B = x$とすると$A = \frac{3}{5}x$である」）と同じ意味になるでしょう。

　「比を扱う」というのは、実質的には「感覚的に未知数を扱う」ということです。その意味では、中学入試で「比」の問題がよく出てくるのは、未知数を扱う感性が育っているかどうか、ひいては、方程式の学習をスムーズに進めていける基盤ができているか、を見るためだということもできるのです。

　比の奥には見えない"x"が隠れています。しかし、比が苦手な人は、この隠された"x"を見落としがちです。「3 : 5」の「3」が「何かと比べて3」だったのを忘れ、普通の数字の「3」だと思ってしまうのです。比の問題をうまく解いていくためのコツは、やはり、この見えない"x"を明示的に扱うことでしょう。

とはいえもちろん別に、いきなりxやyを使わなければいけない、というわけではありません。慣れないうちは、未知数を扱うこと自体が大きな負担です。さらにそこに抽象的な文字が登場すると、なかなかスムーズには受け入れられないでしょう。要は、何かしらの"記号"を使えばいいのです。最初は、次で出てくる（55ページ）ような"絵"でも構いません。慣れてきたら、40ページの「二」のような、"日本語"でもいいでしょう。そして、そこから"xやy"までのつなぎとして、中学受験業界では一般的に、"○や□などに数字を書き込んだもの"を使います。○×3なら③という具合です。

さて、今回の問題も比の問題です。どこに比の要素が？と思った人もいるでしょう。比とは「3：5」のような、いわゆる「比」の形をしたものだけを指すわけではありません。「数を"比"べる」という概念こそが比の本質です。単純に「何倍」というとらえ方も、「何％」「何割」といったいわゆる"割合"も、そして、今回のような"分数"も、それぞれ比の"表現方法"の一つなのです。

まず、全体の人数を①とします。そうすると、人数はそれぞれ、大人が$\left(\frac{3}{7}\right)$＋100人、子供が$\left(\frac{2}{5}\right)$＋50人ですね。この合計が①なので、

$$\left(\frac{3}{7}\right) + 100 + \left(\frac{2}{5}\right) + 50 = ①$$

となります。左側をまとめると、

$$\left(\frac{29}{35}\right) + 150 = ①$$

となるので、$\left(\frac{6}{35}\right)$＝150とわかり、①＝**875**が答えです。線分図

第2章　知恵で解くか、方程式で解くか？

で表すと、次のような感じでしょうか。

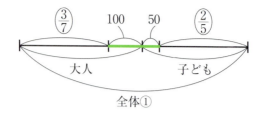

この問題は、図の緑の部分、「全体の$\frac{6}{35}$が150人に相当する」ことを見つけてくる問題なので、「**相当算**」と呼ばれます。

ちなみに、比を扱うときの小技として、基準を"1"にしない、という方法もあります。たとえば今回の問題なら、全体を㉟としてしまいます。そうすると$\frac{3}{7}$は⑮、$\frac{2}{5}$は⑭となり、150人は⑥にあたることになりますね。"全体"の数字をうまく設定することで、ミスの出やすい「分数の計算」を、少し回避することができるのです。

「マイナスを引く」と「プラス」になる

【問題】
　クイズを3人で解いて懸賞に応募することにしました。まず、Aさんが全体の$\frac{1}{3}$より6問多く解き、次に、Bさんは残りの$\frac{3}{4}$より10問少なく解きました。しかし、3人目のCさんは残りの問題の$\frac{2}{3}$しか解けなかったので、最後に残った8問はAさんが解いて応募しました。このクイズは全部で何問ありましたか。

（2007　女子学院中　表現改・一部小問略）

この問題も「相当算」なので、「何分の何がいくつにあたるか」に注目して解けばいいでしょう。頭からやっていくと少し複雑になってしまうので、今回は後ろから順に遡っていきます。

　最初に考えるのは、Bが解き終えた時点で何問残っていたか、です。ここで残っていた問題数を③問とすると、Cが解いたのはその$\frac{2}{3}$、つまり②問ですね。よって、残りの①問が8問だとわかるので、Bが解いたあとに残っていたのは③＝24問となります。

　次に考えるのは、Aが解き終えた時点で何問残っていたか、です。これを今度は④問としましょう。Bが解いた問題数は③－10問です。残りを求めるには④から（③－10）を引けばいいのですが、これを正確に計算できるかどうか、がこの問題のポイントです。

　いかがでしょう、正しく計算できますか。正解は、次の通りです。

　　④－（③－10）＝④－③＋10＝①＋10

　カッコを外すと中の「－」が「＋」になりましたね。この「マイナスのついたカッコを外す」というのは、本来、中学数学の学習内容です。しかし、そのときに「どういうときにどうなるか」という事実だけを習い、数式だけ扱っても、いまいち腑に落ちず、実際に計算をする場面ではミスを頻発してしまうでしょう。大事なことは、"イメージ"をとらえることです。この計算を、図にしてみます。

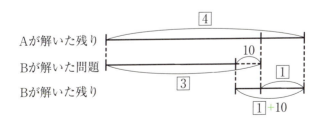

確かに、残りは①+ 10 になっていますね。①+ 10 = 24 がわかれば、①= 14 から、Aが解いた残りは④= 56 問とわかります。
　最後も同じです。クイズ全体の問題数を③とすると、Aが解いた問題は①+ 6 問です。そうすると残りは、

$$③ - (① + 6) = ③ - ① - 6 = ② - 6$$

となります。これが 56 問にあたるので、②= 62 となり、最初の問題数は③= **93 問**です。（こちらもカッコを外す際に + が − になりました。納得のいかない人は、図を描いてみてください。）

　マイナスのついたカッコを外すとき、カッコの中身に"マイナス"をかけます。このとき、そのカッコの中身もマイナスなら、「マイナス×マイナス」を計算して、結果が「プラス」になります。
　マイナス×マイナスがプラスになる、というのは、中学数学の難所の一つですが、これも「そうなる」と習うだけでは、なかなか納得できないでしょう。（右のような、数学的証明も一応存在しますが、これを見せたところで、受け入れられない人はやはり受け入れられないと思います。）
　今回のような問題を解き慣れておき、「マイナスを引けばプラスになるんだな」というイメージをなんとなくつかんでいれば、「マイナス×マイナス＝プラス」を受け入れるハードルを、少しは下げることができるはずです。

> $(-1) \times (-1) = 1$ の証明
>
> $x + 1 = 0$ になる x を -1 と定義する。
>
> $$(x + 1) \times x = 0 \times x$$
> $$x \times x + x = 0$$
> $$x \times x + x + 1 = 1$$
> $$x \times x + 0 = 1$$
> $$x \times x = 1$$
>
> つまり、$(-1) \times (-1) = 1$
>
> （ただし、負の数にも分配法則等が成り立つと仮定している）

数式の基本的操作④
連立方程式を解く　～消去算～

【問題】

　ある果物屋で柿、梨、りんご1個の値段は、梨は柿より30円高く、りんごは梨より60円高くなっていました。柿1個、梨2個、りんご3個の合計6個の値段は1110円です。

　柿、梨、りんごそれぞれ1個の値段を求めなさい。

(2006 麻布中 一部小問略)

> Hint!
> 買った6個がすべて柿だったら、値段の合計はいくらになるでしょう。

中学数学の重要な課題「連立方程式」

わからない数が複数あるとき、条件式1つでは値を求められません。そういうときは条件式を複数用意し、それらを組み合わせて値を求めていきます。いわゆる「**連立方程式**」ですね。複数の式を同時に扱う、という点で、普通の方程式より少しレベルが上がります。この連立方程式を解くのも、中学数学の重要な課題の一つです。

置き換えて考える「代入法」

中学入試でも、連立方程式の問題が出てきます。一般的には「**消去算**」と呼ばれるものです。中学校では、連立方程式を解くための技法として「**代入法**」と「**加減法**」を習いますが、まずはそのうちの代入法を使う問題が、今回の問題です。柿、梨、りんごの値段を、それぞれ x、y、z とします。そうすると、

$$y = x + 30, \quad z = y + 60 (= x + 90)$$
$$x + 2y + 3z = 1110$$

となりますね。2行目の式に、1行目の2つの式を"代入"します。

$$x + 2 \times (x + 30) + 3 \times (x + 90) = 1110$$
$$x + 2x + 60 + 3x + 270 = 1110$$
$$6x = 1110 - 60 - 270$$
$$6x = 780$$
$$x = \mathbf{130}$$

よって、$y = \mathbf{160}$、$z = \mathbf{220}$ となります。

代入とはつまり、"置き換える"ことです。そのイメージをつかむために、文字通り"置き換え"てみましょう。梨やりんごを柿に"置き換える"と、1つ置き換えるごとに合計金額はそれぞれ30円、90円（= 30 + 60）ずつ減りますね。

1110円

$1110 - 30 \times 2 - 90 \times 3 = 780$円

こうすると、柿1個の値段が130円（= 780 ÷ 6）だと、すぐにわかります。具体物で考えることで、"代入"が何をやっているか、少し見やすくなりました。先ほど方程式で解いたときの、3行目の式の意味がなんとなく見えてきませんか。

 式を足したり引いたりする「加減法」

【問題】
消しゴム6個と鉛筆3本で570円、消しゴム4個と鉛筆12本で1320円です。鉛筆1本の値段を求めなさい。　　　（2014 帝京大学中）

今度は加減法を使う問題です。まずは消しゴム1個の値段をx、鉛筆1本の値段をyとして連立方程式をつくります。

$6x + 3y = 570$
$4x + 12y = 1320$

1つ目の式を4倍すると、$24x + 12y = 2280$ となります。これを

2つ目の式と比較すると、差の960（= 2280 − 1320）が20xにあたるとわかりますね。つまり$x = 48$です。xがわかると、1つ目の式が$6 × 48 + 3y = 570$となり、$3y = 282$から$y = 94$もわかります。

いま「3つ目の式と2つ目の式の差」を考えたとき、式から式を引きました。このように、式を足したり引いたりする方法が「加減法」です。加減法のイメージも図にしてみます。$20x = 960$（消しゴム20個が960円）が、一目瞭然ですね。

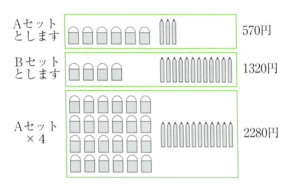

加減法の肝は、x（消しゴム）かy（鉛筆）のどちらかの数をそろえることです。しかし、ひとくちに「そろえる」といっても、いろいろなそろえ方があります。たとえば、次のようなそろえ方はどうでしょう。あまり大きな数を扱わず、なるべく小さい数にそろえるほうが、計算も楽になり、ミスも減らすことができます。

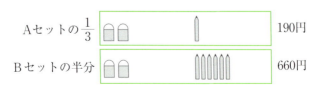

方程式は"立てる"のが難しい ～ニュートン算～

【問題】

　ある学校では、文化祭を2日間行いました。2日とも、入場開始前の受付にすでに長い列ができていて、入場開始後は5分ごとに100人の入場希望者が列に加わっていきました。

　1日目は受付の数を7ヶ所にしたところ、入場開始から45分後に列に並んでいる人は10人になりました。

　2日目は入場開始前の列が1日目よりも25人多かったので、受付の数を8ヶ所にしたところ、入場開始からちょうど20分後に列に並んでいる人がいなくなりました。

　どの受付場所でも、5分ごとに受付のできる人数は同じです。2日目の入場開始前に列に並んでいた人は何人ですか。

（2012 桜蔭中 一部小問略）

Hint!

急に問題が難しくなりました。まずは問題文を丁寧に読んで、きちんと情報を拾っていくことが大事です。何をxとおきますか。場合によってはyを使うことも検討しましょう（○や□でもかまいません）。どういう式をつくるのか、もよくよく考える必要のあるポイントです。「最初の人数からどれだけ増えてどれだけ減って結局どういう人数になったか」に注目すると、先の展開が少し見えてくるはずです。

解法

"算数"で解けなければ、"方程式"でも解けない

　中学入試では、今回のような難問がよく出題されます。それらの問題に対し、どうせ方程式を習えば解けるようになるんだから、"算数"で解く必要はない、という人もします。しかし、実際には、これらの問題を"算数"で解けない人は、"方程式"でも解けないでしょう。こういった問題で問われているのは、数値関係を見抜く力、すなわち"方程式を立てる力"だからです。

　方程式を使って問題を解こうとしたとき、解くべき方程式が最初から見えているとは限りません。そんなとき、状況を整理し、関連する数値情報を把握し、それらを自分で数式化することがまず必要です。それができて初めて、方程式を使うことができます。

　今回のような問題は「**ニュートン算**」と呼ばれます。かの有名なニュートンが考えたから、「ニュートン算」です。

　ニュートン算は、あるものが一定量ずつ増えていくと同時に一定量ずつ減っていく状況で、その結果としての差し引きの増減を考える問題です。モチーフとしては、今回のような「行列」以外にも、「一定量ずつ生えてくる牧草を牛が食べる」という設定や、「水槽やダムに注水すると同時に排水する」というシチュエーションなどがよく扱われます（余談ですが、ニュートンの問題そのものは、牧草と牛の問題でした）。

　この手の問題は登場する数値の種類が多いので、手当たり次第に文字で置いてしまうと逆に混乱してしまいます。「解ける方程式」をつくるためには、核となる数値関係を的確に抜き出す必要があるでしょう。その意味では、ニュートン算は「方程式を使えば解ける問題」ではなく、「方程式を本当の意味で使いこなせていないと解けない問題」だといえます。

「何を記号で置くか」「どういう式をつくるか？」

　方程式を立てるときにまず考える必要があるのは、「何を記号で置くか」そして「どういう式をつくるか」です。特に後者は重要で、これが見抜けなければ方程式を立てることはできません。慣れないうちはなかなか難しいと思いますが、たとえば今回の問題では、

（最初に並んでいた人数）+（途中で加わった人数）
　　　　　　　　−（受付でさばいた人数）=（残りの人数）

という式がいいでしょう。

　1日目の最初に並んでいた人数を①、受付1ヶ所で1分あたりにさばける人数を⬜1⬜とします。すると、1日目の状況を表す式は、

　① + 900 − ⬜7⬜ × 45 = 10

2日目の状況を表す式は、

　(① + 25) + 400 − ⬜8⬜ × 20 = 0

となります。それぞれを簡単にすると、

　① + 890 − ⬜315⬜ = 0
　① + 425 − ⬜160⬜ = 0

です。あとは、この連立方程式を解くだけです。
　2つの式を比較すると、「890 − ⬜315⬜」と「425 − ⬜160⬜」が等しいはずなので、⬜155⬜ = 465 とわかります。よって、⬜1⬜ = 3 です。これ

を利用すると、①が55人とわかるので、2日目の最初に並んでいた人数はそれより25人多い**80人**となります。

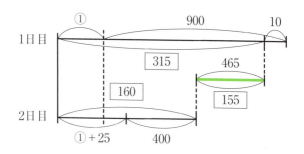

✏️ 受験勉強は方程式を立てる力のトレーニング

　方程式を立てるのは、すでに立てられた方程式を解く以上に難しいことです。中学数学にも「方程式を利用して文章題を解く」という分野がありますが、そこまでの「方程式を解く」だけの問題は難なくクリアできた人でも、ここで脱落してしまう人は少なくありません。方程式を立てる力を身につけるためには、様々な図などを使って数値関係を把握するトレーニングも必要です。

　受験指導において、すでに定番化した問題や、よく用いられるテーマについては、事前にある程度「どういう数値関係があるのか」ということを解説しておきます。ニュートン算も、いくつかの代表的なパターンについては授業で解説するので、慣れてしまえばそこまで難しくはないでしょう。しかし、だからといって、それが中学入試の本質ではありません。有名中学は、ニュートン算が解ける子供が欲しいわけではなく、「数値関係を見抜く力」をもった子供を求めています。手をかえ品をかえ、さまざまなものをテーマにして"初見"の問題を出題してきます。受験生は、そういった問題を解くための"方程式を立てる"トレーニングを日々積んでいるのです。

方程式は頭を使う　～倍数算・年齢算～

第2章　知恵で解くか、方程式で解くか？

【問題】
　兄と弟の所持金の比は 2：1 でしたが、兄が弟に 300 円渡したところ、兄と弟の所持金の比は 7：5 になりました。兄が初めに持っていた金額はいくらですか。

(2014 森村学園中等部)

Hint!
兄が弟にお金を渡したとき、渡す前と渡した後で "変化しない数値" があります。そこに注目しましょう。比の問題なので x や y、○ や □ を使えばいいですね。

方程式を解くにも「上手・下手」がある

　中学入試の問題は、「方程式を使わず、創意工夫することが大事だ」という主張もあります。しかしこの意見の前提には、方程式は機械的な操作、つまり、決まった手順で解いていくもの、というイメージがあります。これは本当に正しいのでしょうか。

　方程式の解き方は、実はひと通りとは限りません。同じ方程式を解くにも複数の方法があり、そこにうまい解き方、下手な解き方が存在することもあるのです。

　今回の問題では、兄と弟の最初の所持金をそれぞれ②, ①とします。そして、やりとりの後の兄と弟の所持金を、それぞれ7, 5とします。そうすると、次のような連立方程式ができます。

兄 ： ② − 300 = 7
弟 ： ① + 300 = 5

　ここまではいいですね。ここからまずは、中学校で習う通り、加減法で解いてみます。2式目を2倍して、② + 600 = 10です。これを1式目と比べると、3 = 900とわかるので、1 = 300となります。よって、2つ目の式が① + 300 = 1500となり、① = 1200です。兄の初めの所持金は②なので**2400円**が答えです。

　この式を、次のように解いてみましょう。
　まずいきなり、2つの式を足してしまいます。すると、③ = 12となりますね。つまり① = 4です。2つ目の式が4 + 300 = 5となるので、1 = 300がすぐにわかります。先ほどより面白い解き方だと思いませんか。

なぜいきなり2つの式を足したのか、気になる人もいるでしょう。もう一度問題文に戻ってください。兄が弟に300円渡しました。このとき、「兄と弟の所持金の合計」は、お金を渡す前と後で変化しないことがわかりますか。つまり、②+①=7+5ですね。これが「2つの式を足す」というアイディアの原型でした。

【問題】
A君とB君のはじめの所持金の比は3：2でした。2人とも450円ずつ使ったところ、残っている金額の比は9：5になりました。A君の初めの所持金はいくらですか。
(2013 城北埼玉中)

もう1問いきましょう。ちなみに先ほどの問題もこの問題も、**「倍数算」**という名前がついています。個人的には、結局のところ連立方程式の問題なので、消去算のバリエーションの一つだと認識しておくのがいいと思っています。

A君、B君のはじめの所持金をそれぞれ③，②、残った金額をそれぞれ9，5とします。連立方程式は次のとおりです。

A：③ − 450 = 9
B：② − 450 = 5

今回は2つの式を引いてみましょう。そうすると、①=4です。1つ目の式は12 − 450 = 9となり、3 = 450、つまり1 = 150となります。よって、A君の初めの所持金は 150 × 9 + 450 = **1800 円**です。2人の使った金額が同じなら、「所持金の差」は一定ですね。だから、③−②=9−5なのです。

加減法で解くなら、たとえばAの式を3倍、Bの式を2倍して、○の数字をそろえればいいでしょう（あとは省略します）。

算数の問題には、方程式では解けないものもある？

"方程式否定派"の意見には、「算数の問題には方程式では解けない、もしくは、方程式では解きづらい問題がある」というものもあります。私はこれも少し違うと思っています。

【問題】
　現在Ａ君は12才、お父さんは42才です。お父さんの年齢がＡ君のちょうど２倍になるのは何年後ですか。　　(2014 大宮開成中)

この問題は、一般的に「**年齢算**」と呼ばれます。これも損益算と同様、よく扱われるモチーフだから名前がついているパターンです。「年齢算」のポイントは、「みんな１年に１つずつ歳をとる」というところにあります。

今回、Ａ君もお父さんも、１年に１歳ずつ歳をとるということは、年齢の差は30歳のまま変わらないはずです。「お父さんの年齢がＡ君の２倍になったとき」も、差は30歳でしょう。これはそのときのＡ君の年齢そのものであるので、答えは**18年後**となります。

さてこれは、「方程式を使わない、"算数"の解き方」でしょうか。

方程式を立てるにも「上手・下手」がある

この問題を方程式で解いてみます。求める答えを x 年後として、

$$(12 + x) \times 2 = 42 + x$$
$$24 + 2 \times x = 42 + x$$
$$x = 18$$

こうして見ると"算数"の解き方とは違うように見えます。そし

て、"算数"の解き方がシンプルでいい解き方にも見えるかもしれません。しかし、次のように解くとどうでしょう。

「条件を満たすときのA君の年齢」を y とします。そして、

(そのときのA君の年齢 − 現在のA君の年齢)
　　　　　　　= (そのときの父の年齢 − 現在の父の年齢)

という式をつくります。これは、$y − 12 = 2 × y − 42$ ですね。これを解くと $y = 30$ です。少し"算数"の解き方に近づいてきました。

(そのときの2人の年齢の差) = (現在の2人の年齢の差)

という式にするとどうでしょう。これは $y × 2 − y = 42 − 12$ ですね。ここまでくると、"算数"の解き方とまったく同じです。

59ページで、方程式を立てるには「何を記号で置くか」「どういう式をつくるか」が大事だ、といいました。しかしこれらは、別に"正解"があるわけではありません。

方程式は解き方も自由でしたが、立て方もまた自由です。記号の置き方や注目する数値関係によって、解きにくい方程式になったり、解きやすい方程式になったりします。複雑な手順の多い方程式しか立てることができなければ、途中で計算ミスが出てしまうでしょう。逆に、うまく数値関係を見抜き、最初からシンプルな方程式を立てることができれば、正解までたどりつける確率は一気にあがります。

最初にやったように、求めるものを記号で置くのは確かに定石です。そして、(x 年後のA君の年齢) × 2 = (x 年後の父の年齢) という問題文通りの式をつくるのも、自然な流れでしょう。しかしそれは悪くいえば"工夫が足りない"ということでもあるのです。

「方程式を使う＝頭を使わない」というわけではない

"算数"の解き方は、基本的に方程式で表現することができます。その意味では、「"算数"では解けるけど、"方程式"では解けない・解きづらい」というのは、単に方程式の使い方が下手なだけです。

"算数の解き方"で「知恵」が必要だというなら、それは"方程式"を使うための「知恵」でもあるはずです。方程式を使ったからといって、"頭を使わない"というわけではありません。むしろ、方程式をうまく使いこなすためにこそ、思考力が必要になってくるのです。

＊　＊　＊　＊

方程式は数学のものであると同時に、算数のものでもあります。

そもそも"事実"としても、「xやyを使った式」は、現在は小学校6年生で登場します。自分のときにはやらなかったという人も多いかもしれませんが、平成23年度から実施された学習指導要領では小学校で学習するようになりました。さかのぼれば"xやy"は、小学校の「算数」の範囲を出たり入ったりしており、近年はたまたま「入っていない時期」だった、というだけにすぎません。つまり、別に「算数」という科目そのものが「xやyを使ってはいけない」という特性を持つわけではないのです。

"算数の解き方"と"方程式"のどちらがよいか、という論争は、単に不毛なだけではありません。算数と数学の間に壁をつくってしまうことは、大げさにいえば教える側、教わる側、ひいては日本の数学教育において、大きな損失になるとさえ思っています。"算数"の先生が"算数"を通して"方程式"を教え、"数学"の先生がこれまで習ってきた"算数"の上に"方程式"を位置付けてあげる。これこそ、数学教育の理想の形ではないでしょうか。

第3章

未来を切り拓く道具としての関数・数列

Introduction

なぜ、関数はうんざりしてしまうの?

　中学・高校での数学の学習内容のうち、一つの大きな柱になっているのが、"関数"に関係する内容です。中学校では一年生で「比例・反比例」を学習し、そこから時間をかけて「一次関数」「二次関数」まで習います。高校に入ると、まずは二次関数を題材にして様々な操作を練習しつつ、「三次関数」「四次関数」と次数の高い関数の学習へと進んでいくでしょう。さらに進むと、「三角関数」「指数関数」「対数関数」などのような、まったく別の種類の関数も登場してきます。また、苦手になる人の多い「微分」や「積分」も、関数を扱う技術の一つです。

　自分の中に"関数"のイメージができあがっていないと、中学・高校で習う数学は、「一つひとつがバラバラの、たくさんの難しい内容」にしか見えません。新しい内容が出てくるたびに、「またよくわからないやつがきた」とうんざりすることでしょう。しかし、"関数"への根本的な理解の土台ができていれば、中学・高校の数学の学習は、そのベースに一つひとつ丁寧に置いていくだけのものになります。新しい概念をきちんと自分の世界に位置づけられるのであれば、「次はどんな種類の"関数"が出てくるんだろう」と、わくわくすることさえできるでしょう。

　この章では、その"関数"と、それによく似た要素をもつ"数列"のイメージを紹介していきたいと思います。

つるかめ算は方程式ではない

【問題】

4人がけの長いすと7人がけの長いすが合わせて22脚あります。この長いすを全部使うと、115人全員が空席なく座ることができます。7人がけの長いすは何脚ありますか。

(2014 上宮太子中)

> Hint!
>
> 「2種類の数」を「合計の決まった個数」で組み合わせて「決められた値」をつくる、まさに典型的な"つるかめ算"の問題です。長いす22脚がすべて4人がけだったら、全部で何人座れるでしょう。長いす22脚のうち、1脚だけ7人がけで、残り21脚が4人がけだったらどうでしょう。順々に調べていくうちに、何かに気づきませんか。

解法

つるかめ算を方程式や面積図で解かない理由

　第2章では、中学入試の様々な文章題を通して、方程式のイメージを見ていきました。しかし、そこであえて扱わなかった題材もいくつかあります。今回の「**つるかめ算**」もその一つです。

　つるかめ算は、方程式や面積図で解くものだと思っている人も多いでしょう。第2章で、方程式や面積図が出てきたのになぜつるかめ算が出てこないのだろう、と思っていた人もいるかもしれません。確かに、"つるかめ算の問題"を方程式や面積図で解くことはできます。しかしそういった方法で解けただけでは、つるかめ算ができるようになった、とはいえません。つるかめ算には方程式や面積図とはまた別の、とても重要なアイディアが隠されているからです。

　つるかめ算の発想の奥にあるもの、それは「**関数**」のイメージです。関数、つまり数値同士の関係を見抜き、さらにそれを利用する、そこまでがうまく盛り込まれた問題こそが、つるかめ算なのです。

つるかめ算は3つの手順で解く

　つるかめ算を解く手順は、「具体例を見る」「関数を発見する」「関数を利用する」の3つの段階にざっくりと分けることができます。順に見ていきましょう。

　まずは「具体例を見る」段階からです。最初の一手は、「全部が片方の数だったらどうなるか」を考えることです。今回の問題であれば、「長いす22脚がすべて4人がけだったら何人座れるのか」を考えましょう。22×4で88人ですね。しかし実際には115人座れるので、これはもちろん答えではありません。

　そこで、個数を1単位変化させるとどうなるか、も見ていきます。

7人がけの長いすの数を0から1にしたとき（つまり、4人がけの数を22から21にしたとき）の座れる人数を考えるのです。これは、$7 \times 1 + 4 \times 21 = 91$ 人です。まだ足りませんね。足りなければどんどん変化させていきます。さらに7人がけを1から2にするとどうでしょう。2から3にするとどうでしょう。7人がけの長いすの数を順に増やしながら調べていくと、2脚のとき94人、3脚のとき97人、……となります。これをまとめて表にしてみます。

7人がけの数	0	1	2	3	4	5	…
(4人がけの数)	(22)	(21)	(20)	(19)	(18)	(17)	…
座れる人数	88	91	94	97	100	103	…

3ずつ増える

　条件を変化させてデータを取ったら、そこから「関数を発見する」段階です。関数を発見するためには、変化を観察することが大事です。上の表をじっくり見てください。7人がけの長いすを1脚増やすごとに、座れる人数が3人ずつ増えていますね。「7人がけの長いすの数」と「座れる人数」の関係が見えました。

　関数が見えたら、最後はその「関数を利用」します。つまり、今見つけた変化から答えを予測するのです。3人ずつ増えていくとき、どこまでいけば115人になるでしょうか。最初の「7人がけが0脚のとき88人」を基準にすると、ここから27人（$= 115 - 88$）増やす必要があります。これは、7人がけを9脚（$= 27 \div 3$）増やせば（**9脚**にすれば）いいですね。このとき4人がけは13脚なので、座れる人数は $7 \times 9 + 4 \times 13 = 115$ となり、条件に合っています。

　慣れてくると、"変化の様子"はいちいち調べなくてもだいたいわかるようになるでしょう。この問題の場合なら、4人がけの長い

すを1脚減らして、7人がけの長いすを1脚増やせば、座れる人数は差し引き3人ずつ増えるはず、という具合です。

　以上がつるかめ算の解き方ですが、"関数"の雰囲気はなんとなくつかめたでしょうか。もう少しイメージをとらえやすいように、今やったことを視覚化してみましょう。関数をビジュアルでとらえるためのツールといえば、「面積図」ではなく「グラフ」です。今回の問題をグラフにしてみると、次のような感じになります。

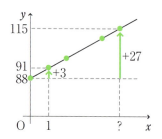

　xは7人がけの長いすの数、yはそのときの座れる人数です。xとyとの間には、$y = 88 + 3 \times x$という関係式が成り立っています。ここに「一次関数」が出てきていますね。あとはこれの「？」にあたる数字を求めればいい、という問題でした。

　今回の問題では、長いすの数は整数にしかなりません。本当ならグラフは上記のような直線にはならず、とびとびの点（グラフの●印）だけになります。しかし、次のような問題ではどうでしょう。

【問題】
　太郎君は家から2400mはなれた駅まで行きます。家から途中の駐輪場までは自転車で毎分240mの速さで行き、駐輪場から駅までは毎分60mの速さで歩いたところ、全部で13分かかりました。歩いた時間は何分ですか。

(2014 成蹊中)

この問題もつるかめ算です。慣れていないと問題文の意図が少し取りづらいかもしれません。「毎分240mと毎分60mで、あわせて13分で2400m進んだ」ととらえることができれば、先ほどと同じ構造だと気づきます。今回の問題の「ツルとカメ」は「自転車と歩きの速さ」、「頭数」は「時間」、「足の数」は「進んだ距離」です。

まずは13分ずっと自転車に乗っていた場合に進む距離を求めましょう。これは3120m（= 240 × 13）ですね。ここから、歩く時間を1分、2分、……と増やしていって（その代わり自転車の時間を減らしていって）、「進む距離」の変化を見ます。

歩く時間	0	1	2	3	…
（自転車の時間）	(13)	(12)	(11)	(10)	…
進む距離（m）	3120	2940	2760	2580	…

　　　　　　　　　　-180m　-180m　-180m

歩く時間が1分増えるごとに、進む距離は180m（= 240 − 60）ずつ減っていますね。よって、ちょうど2400mになるのは、歩いた時間が**4分**（=(3120 − 2400) ÷ 180）のときです。これをグラフにすると、次のようになるでしょう。

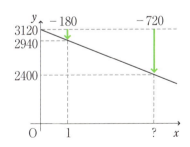

xが「歩く時間」でyが「そのときに進む距離」です。xとyの間の関係式は、$y = 3120 − 180 × x$です。やはり一次関数ですね。

今回の問題では、x は 1.6 などの小数の値も取ることができるので、グラフは点だけではなく、ちゃんと直線になります。

🖋 つるかめ算を学ぶことで得られるもの

　第 2 章でも触れましたが、中学入試の算数について、「方程式を使えば解けるのだから、変なことを教える必要はない」という主張があります。そしてその"変なこと"としてよくやり玉に挙げられてしまうのが、このつるかめ算の解き方です。有名な題材だということもありますが、それ以上にやはり考え方が難しいからでしょう。

　しかしつるかめ算の解き方は、無駄に難しいわけではありません。アイディアをこねくり回した変な"テクニック"でもありません。その発想の中には、具体例をあげて関数を「発見」し、それを「求め」、さらにそれを「利用」するという、関数を"使いこなす"うえで重要なエッセンスが、シンプルにパッケージングされています。

　そもそもつるかめ算の問題は、古くは昔の中国の算術書に登場する由緒正しき問題です。長い間脈々と語り継がれてきた問題である以上、そこに有益なアイディアがないはずがないのです（余談ですが、その中国の算術書に載っている問題では、ツルとカメではなく、キジとウサギでした。ツルとカメになったのは、19 世紀初めに日本で書かれた『算法点竄指南録（さんぽうてんざんしなんろく）』が最初だといわれています）。

　つるかめ算が難しいのは確かに事実です。そして、その難しい問題を小学生にやらせるべきかどうかは、正直なところ個々人の能力や意欲による、としかいえません。「問題が解けるかどうか」のほうが大事な状況なら、面積図でも方程式でも解ける方法で解けばいいでしょう。しかし、つるかめ算を一つの学習材料としてとらえるなら、その難しい発想に挑戦することは、"関数"への理解を深め、より広い数学の世界へ進んで行くための一里塚となるはずです。

なぜ関数を学習するか

【問題】

図のような AB=10cm、AD = 14cm の長方形 ABCD があります。点 P は、点 B を出発して辺 BA 上を毎秒 1cm の速さで点 A まで動きます。点 Q は、点 P が出発してから 3 秒後に点 D を出発して、辺 DA 上を毎秒 2cm の速さで点 A まで動きます。

このとき、四角形 APCQ の面積が、長方形 ABCD の面積の半分となるのは、点 P が点 B を出発してから何秒後か求めなさい。

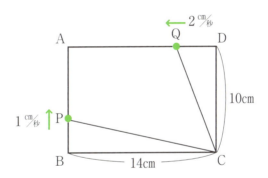

（2014 東邦大学付属東邦中 一部小問略）

> Hint!
>
> 時間によって四角形APCQの面積が変化していく様子を、グラフに表してみましょう。特に、点Qが動き始めた3秒後以降について、「時間」と「面積」の"関数"をうまくとらえてみてください。

解法

「出したい結果」への近道をつくる

　この問題も、関数を利用します。注目するのは、PがBを出発してからの秒数（x）と、そのときの四角形APCQの面積（y）の関係です。今回は表をつくらず、直接グラフを書いてみましょう。

　グラフを書くときに重要なのは、いくつかの点をまずプロットすることです。その"いくつかの点"は、1秒毎でなくてもかまいません。楽なのは、"わかりやすい点"でしょう。一番わかりやすいのは0秒後ですね。このときはまだ長方形ABCDのままなので、$14 \times 10 = 140$cm²です。また、点PがAに着く10秒後の状況もすぐにわかります。10秒後には点QもAに着くので、四角形APCQは0cm²になっています。

　この2点を直線で結べばグラフが完成かというと、そういうわけではありません。ここで気をつけなければいけないのは、途中で状況が変わる、ということです。具体的には3秒後、それまで止まっていた点Qが動き出す瞬間です。状況が変われば変化の様子が変わるかもしれません。ここもきちんと調べる必要があります。このとき四角形APCQは台形で、面積は$(7 + 10) \times 14 \div 2 = 119$cm²となっています。

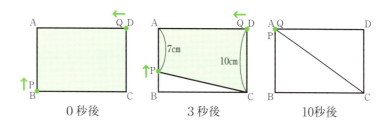

　他に状況が変わりそうなポイントはありませんね。あとは0秒後から3秒後、3秒後から10秒後をそれぞれ直線でつなげば、グラ

フが完成します。今回は、2種類の一次関数を組み合わせた形になりました（もちろん、本当に直線で結んでいいのか、はもう少し丁寧に検証する必要があります。この問題では、三角形 PBC、三角形 QDC の底辺である PB、QD が一定量ずつ増えていくので、それらの三角形の面積も一定量ずつ増えていきます。よって、四角形 APCQ の面積は一定量ずつ減り、グラフは直線になります）。

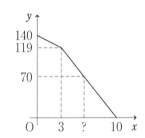

あとはこのグラフで、y が 70 になるところを探せばいいですね。3 秒後から考えると、その後の 7 秒間で面積は 119 ㎠減っています。70 ㎠にするには、そのうち 49 ㎠だけ減ったところを探せばいいので、$7 \times \dfrac{49}{119} = \dfrac{49}{17} \left(= 2\dfrac{15}{17} \right)$ 秒後となります。これはスタートから $5\dfrac{15}{17}$ 秒後です。

関数を使うメリットの一つは、「出したい結果」への近道をつくりだせるところにあります。たとえば今回の問題でも、一度グラフさえ書けてしまえば、実際に聞かれている「面積が半分になる」ときだけでなく、「面積が $\dfrac{1}{3}$ になるとき」や「50 ㎠になるとき」などもすぐに求めることができますね。「面積が半分」になるときを直接考えてしまうと、そういうわけにはいきません。

「入力」と「出力」に注目する

【問題】
　図のように、ABとCDは点O
で直角に交わっています。
　三角形OACと三角形OBDの
面積の和が30㎠、三角形OBE
と三角形OAFの面積の和が14㎠
のとき、ABの長さを求めなさい。

(2011 市川中)

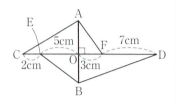

　この問題の一番いい解き方は、OA、OBの長さを記号で置いて、消去算（連立方程式）に持ち込む方法でしょう。しかしここでは、その方法を思いつかなかったと仮定します（一発勝負の中学入試では、本番で何も思いつかなかったときにどうするか、も想定しておく必要があります）。そんなとき大事なことは、やはり"やって"みることでしょう。23ページの問題のように、わかっていない長さを適当に決めてしまいます。今回はつねに答えが同じになるわけではありませんが、その代わり「関数」が見えてきます。

　まずOAの長さを0cmとします。このとき三角形OAFは0㎠なので、三角形OBEと三角形OAFの面積の和（アとします）を14㎠にするためには三角形OBEの面積を14㎠にしなければなりません。よって、OBの長さは5.6cmになります。そうすると、三角形OBDの面積が28㎠、三角形OACの面積が0㎠になるので、三角形OACと三角形OBDの面積の和（イとします）の値は28㎠です。「アの値が14」という条件の下では、OAの長さを決めると自動的にいろんな値が決まり、最終的にはイの値まで確定します。

　あとはOAの長さを変えて、同じ手順で計算していけばいいで

しょう。OAの長さが1cmのときイの値は28.5、OAの長さが2cmのときはイの値が29になるはずです。変化の様子も見えてきましたね。OAの長さをx、イの値をyとすると、$y = 28 + 0.5 \times x$という関数になっています。

これを利用すると、イが30cm²になるのはOAが4cmのときとわかるので、そのときのOBをこれまでと同じように計算して（3.2cmとなります）、答えは**7.2cm**とわかります。

OAの長さ	0	1	2	…
イの値	28	28.5	29	…

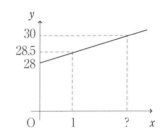

途中、OAの長さを決めてからイの値を出すまでに、いくつかの段階を踏んで複雑で面倒な計算をやりました。しかし、その過程をまるっと無視してOAとイの値だけに注目すると、シンプルな一次関数になっています。なんだか面白いと思いませんか。

関数はよく、ブラックボックスに例えられます。ブラックボックスに値を入力すると、その入力した値に応じた値が出力されます。このとき、「中でどういう操作がされるか」ももちろん重要ですが、それよりも大事なことは「どういう入力をするとどういう出力がされるか」ということでしょう。

複雑な部分を切り捨て、シンプルな本質だけを抜き取るというのは、まさに数学の真骨頂といえます。

関数は未来を切り拓く武器である

　関数を見つける、つまり入力と出力の関係を知るということは、目的の出力を得るためにどういう値を入力すればいいかがわかる、ということでもあります。

　日常生活を送るうえで、"出したい結果"というのはさまざまにあるでしょう。そして、その結果を出すためにどうすればいいのか、日々考えながら生きているはずです。お金を稼ぐにはどうすればいいか、成績を上げるにはどうすればいいか、モテるためにはどうすればいいか、…etc。もちろん、今挙げたような漠然とした目標に対する便利な"関数"は、存在しないと思います。しかしだからといって、日常生活に"関数"がまったく存在しないわけではないでしょう。たとえば、「利益を最大にするためには売り値をいくらにすればいいか」や「たくさん人を集めるにはどういう広告を出せばいいか」などは"関数"が存在しそうです。その"関数"を見抜くことができれば、それは強力な武器になると思いませんか。

　世の中の事象は、ほとんどの場合、多数の要素が複雑に絡み合っています。しかし、注目したい2つの値に"関数"を発見することができれば、たとえ"ブラックボックス"の中身が複雑でも、それは問題ではありません。その関数を利用して、"出したい結果"を出すことができるのです（ちなみに、そういった"関数"を発見したり、精度を挙げたりするための道具こそが「統計」です）。

　現実世界における"関数"は、簡単に発見できるものではないでしょう。そしてもちろん、シンプルな形をしているとは限りません。しかし、もし発見できたときのために、それをうまく利用できるよう、数学では関数の概念を学び、その操作を練習するのです。

関数は"数式"で表せるとは限らない

【問題】

整数 A を 2 つの整数の積で表すとき、その 2 つの整数の差の中で最も小さい数を《A》と表すことにします。

たとえば、3 は 3 × 1 と表せるので、《3》＝ 3 － 1 ＝ 2

4 は 4 × 1 と 2 × 2 の 2 通りに表せるので、

《4》＝ 2 － 2 ＝ 0 です。

次の問いに答えなさい。

(1) 《61》、《180》をそれぞれ求めなさい。
(2) 《A》＝ 6 となる整数 A を最も小さいものから順に 3 つ書きなさい。
(3) 整数 A が 1000 より小さいとき、《A》＝ 1 となる整数 A は全部で何個ありますか。

(2012 フェリス女学院中)

第3章 未来を切り拓く道具としての関数・数列

Hint!

まずは問題文の意味を理解するために、"やって"みてください。そのための導入が(1)の問題です。そこで「何をやっているか」がうまくつかめれば、(2)(3)へと進んでいくことができるでしょう。

この問題は解くだけなら難しくない？

　今回の問題は、解くだけならそれほど難しくありません。(1) は、"やって"みればいいでしょう。61 は 1 × 61 しか表せないので、《61》= **60** です。180 は 12 × 15 が一番近いので、《180》= **3** です。

　(2) は、「《A》= 6 なら A = ○ ×（○ + 6）と表せるはず」ということがわかれば、解くことができます。あとは○に数字を入れていくだけでしょう。1 から順に調べると、1 のとき **7**、3 のとき **27**、5 のとき **55** が答えになります。2 のときや 4 のときはそれぞれ 16、40 ですが、4 × 4、5 × 8 でも表せるので《A》= 6 にはなりません。

　(3) も、A = □ ×（□ + 1）となる数を数えるだけですね。具体的に入れていってもいいですが、少し数が多いので、□はどこまで大きくできるか、を考えるのがいいでしょう。大体の見当をつけて絞り込むと、□が 30 のとき 930、31 のとき 992、32 のとき 1056 となるので、□は 31 以下とわかります。よって答えは **31 個**です。

この問題のどこが関数なのか？

　さてこの問題、"関数"の問題に見えましたか。

　そう尋ねると、「どこに関数が出てきていたの？」と思う人もいるでしょう。この問題では、《A》が A の関数になっています。

　え、ちょっと待って、関数ってさっきまでの問題みたいに"規則的に変化する"ものじゃないの、と思いましたか。もしくは、関数っていっても、$y = 3x + 88$、みたいに"数式"で表すことができないじゃないか、と思ったりしましたか。しかし、そう思ってしまった人は、"関数のイメージ"が少しずれています。

　"関数"というと、最初のほうに習う一次関数や二次関数の印象が強い人も多いでしょう。確かに一次関数は、一定の割合で増え

り減ったりします。二次関数は一定の割合で変化したりはしないものの、まだ四則演算だけの"数式"で表すことができます。一次関数や二次関数のような、「なんとかxの何乗たすなんとかxの何乗たす…」という形のものを「**多項式関数**」といいますが、この多項式関数のイメージだけで"関数"をとらえていると、その先へと進むのが難しくなります。三次関数や四次関数は大丈夫でしょう。それらも多項式関数です。しかし、三角関数や指数関数、対数関数はどうでしょう。「まったく新しいもの」に見えてしまいませんか。

関数のイメージ＝数と数との対応づけ

多項式関数とそれ以外の関数を同じ"関数"の土俵に乗せるためには、関数への理解を一段階深めていく必要があります。それではその、「より本質に近い"関数のイメージ"」は一体どこにあるのでしょうか。それは、数と数とを"対応づける"というところです。

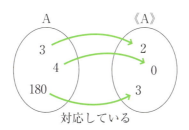
対応している

今回の問題で、「《A》の値」は「Aの値」に対してそれぞれ対応づけられています。だから、《A》はAの"関数"なのです。そういった様々な"対応づけ"の種類の中に、規則的に変化したり多項式で表せたりするものもある（もちろん、そうでないものもある）、と捉えることができれば、三角関数などの"難しそうに見える関数"も少しは受け入れやすくなるのではないでしょうか。

【問題】
　A◎Bは、Aを何回かけたらBになるかを表します。たとえば、2×2×2＝8なので、2◎8＝3となります。
(1) (3◎9)＋(5◎125) を求めなさい。
(2) 10◎C＝8のとき、Cは何桁の数ですか。

(2014 聖園女学院中)

　これも関数の問題です。まずは答えを出してしまいましょう。
　3◎9は「3を何回かけたら9になるか」、5◎125は「5を何回かけたら125になるか」を考えます。それぞれ2, 3ですね。よって（1）は2 + 3 = **5**となります。
　10◎C＝8は、「10を8回かけたらCになる」ということです。Cは100000000で、（2）の答えは**9**桁です。

　この問題で扱われている"関数"こそ、実は「**対数関数**」です。「2◎8 = 3」は数学的には$\log_2 8 = 3$と表されます。「log」と書かれるとなんだか難しそうですが、考えていることはそれほど難しくありませんね。ちなみに（2）は、対数の典型的な利用方法のひとつを示唆しています。10◎C（もしくは$\log_{10} C$）、つまり、10を何回かけたものかを示したものを常用対数といいますが、これを使うと、大きな数や複雑な計算の答えの桁数を調べることもできるのです（桁数がわかる、ということは、だいたいの大きさの見当がつく、ということでもあります）。
　もちろんこの問題は、対数の知識を問うているわけではありません。むしろ、解くだけなら簡単な問題の部類でしょう。ここに込められているのは、「一次関数や二次関数を学習する前に、関数の本質的なイメージを見てほしい」「見たことのない関数と出会っても、臆することなく"やって"みてほしい」という、出題者の想いです。

数列の一般項とは何か

【問題】

　図1のような1辺の長さが3cmの正方形から1辺の長さが2cmの正方形を切りとった形のタイルがあり、図2のようにしきつめていきます。タイルを100枚しきつめたときの周の長さは何cmでしょう。また、周の長さが968cmのとき、しきつめたタイルは何枚ですか。

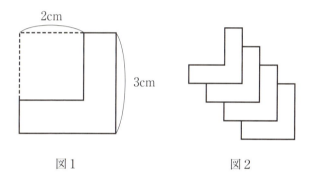

図1　　　　　　　　図2

（2004 桜蔭中 一部小問略・表現改）

> Hint!
>
> もちろん、実際に100個も並べてみるわけにはいかないでしょう。何らかの規則を見つけなさい、という話です。しかし、その規則を見つけるために、最初のいくつかはまず"やって"みたほうがいいでしょう。1枚のときの周の長さは？　2枚なら？　どういう関係が見えてきましたか。

"数列"の概念そのものは難しくない

本章後半のテーマは「**数列**」です。数列も高校数学で学習する内容ですが、「一般項」や「漸化式」、「Σ（シグマ）」といった専門用語や見慣れない記号が飛び交う、「なにやら難しい範囲」と思っている人も多いでしょう。確かにそういった単語や記号は"いかつい"見た目をしています。しかし、概念の中身そのものは、実はそれほど難しいものではありません。本格的に勉強を始める前に、ある程度のイメージをつくっておくことが、スムーズに学習を進める秘訣です。

今回の問題を見てください。〈ヒント〉でも書いた通り、タイルを置いた枚数と周りの長さとの関係を調べていきます。わかりづらければ、実際にそれぞれの枚数の図を描いてみるといいでしょう。

枚数	1	2	3	4	5	…
周りの長さ	12	16	20	24	28	…

12, 16, 20, …, と"数の列"ができました（このような、同じ数ずつ増えている数列を「**等差数列**」といいます）。この数列の「100番目の値」と「値が968になるのが何番目か」を求めればいいですね。枚数が1枚増えるごとに、周りの長さが4cmずつ増えているのはすぐにわかります。このことを利用すれば、100枚のときの周りの長さも求めることができそうです。

4を何回も足していく、というのはさすがに面倒でしょう。「1枚のとき」から4を99回増やすと考えて、12 + 4 × 99 = **408cm** が答えです。周の長さが968cmになるのは、この過程を逆にたどります。12cmのときから4が239（=(968 − 12) ÷ 4）回増えているので、答えは**240**(= 1 + 239) 枚です。

数列でも対応づけを考える

ここまでやってみて、さっきまでやっていた"関数"となんだか似ているな、と思いませんでしたか。Introduction でも少し触れたとおり、数列と関数の扱いは、少し似ているところがあります。関数と似ているということは、大事なのはやはり"対応づけ"です。

最初の解き方のように「1枚のとき」を基準にすると、1を足したり引いたりする必要が出てきます。この一手間、なんだか少し面倒くさいと思いませんか。漫然と解いていると、ミスも出やすそうです。そこで、「枚数」と「周りの長さ」の直接の関係を考えてみましょう。まずは「枚数×4」という値を考えます。

枚数	1	2	3	4	5	…
枚数×4	4	8	12	16	20	…
周りの長さ	12	16	20	24	28	…

「枚数×4」と「周りの長さ」を比べると、つねに「+8」になっていますね。つまり、次のような関係が成り立ちます。

周りの長さ＝枚数×4＋8

枚数 →×4＋8→ 周りの長さ

この関係を利用すれば、それぞれの答えは簡単に求まります。
ちなみにこれは、数式の変形で得ることもできます。「1枚増えると4cm増える」というのをまずは数式にしてみましょう。そうすると、「周りの長さ＝12＋(枚数－1)×4」となりますね。これを変形すると上記の式になるはずです。

【問題】

　ある数のご石が図のような正方形の形に並べられるときに、その数を四角数といいます。はじめの4つの四角数は、1、4、9、16です。10番目の四角数は何でしょう。また、576は何番目の四角数でしょうか。

（2011 桜蔭中 一部小問略・表現改）

　もう1問解いてみましょう。この題材は有名なので、見ただけでピンと来る人もいるかもしれません。今回の数列は、問題文に書いてあるとおり、1, 4, 9, 16, …, です。

　変化を観察すると、増える数が3, 5, 7, …, と2ずつ増えていることに気づきますね。しかし増える数が一定ではないので、先ほどのように「増える数×何か」みたいな計算ではできなさそうです。

　そこで今回も、"直接の関係"を考えましょう。n番目のご石の数をa_nとします。3番目のご石の数ならa_3、10番目ならa_{10}という感じです。このnとa_nの関係を調べるのです。

　並んだご石を見ると、正方形に並べたとき、同じ数の列が何列か並んでいることに気づきませんか。1番目は1個の列が1列、2番目は2個が2列、3番目は3個が3列、……となっています。ここまで来たらあとはいいでしょう。a_nは$n×n$で計算できますね。これを利用して、10番目の四角数（ご石の数）は$10×10=$ **100**、576（$=24×24$）は **24番目**の四角数（ご石の数）とわかります。

　このように、nとa_nの関係を考える、というのが「一般項」という概念の本質です。数式にすると、今回は$a_n = n^2$となります。

"変化の様子"を手がかりにする 漸化式

【問題】

図は、次のようなきまりで、四角形に直線をひいて、四角形を分割しています。

　きまり①　それぞれの直線は四角形の内側で必ず交わる
　きまり②　3本以上の直線は1点で交わらない。

たとえば、1本の直線では四角形を2分割、2本の直線では4分割、3本の直線では7分割します。次の問いに答えなさい。

(1) 5本の直線では何分割しますか。
(2) 9本の直線では何分割しますか。

(2014 十文字中)

Hint!

これももちろん、実際に長方形に5本なり9本なり直線を引いてみて、分割されている数を数える、という問題ではありません。特に9本のときなどは、"きまり"に沿った図を描くことが、まず難しいでしょう。やはりここは、規則性を探していきます。とはいえ今回は、最初から「直線の本数」と「分割される数」の関係に注目しても、なかなか難しいかもしれません。そんなときはまず、「どういうふうに変化しているか」に注目しましょう。

解法

「漸化式」=「"次"との関係を表した式」

　関数も数列も、対応づけが重要になる概念です。違いがあるとすれば、関数が小数や分数などの"整数でない数"とも対応づけられるのに対して、数列は「n番目」という数に対応させるので、基本的には自然数（1, 2, 3, …）としか対応づけられない、というところでしょう。しかし数列は、自然数としか対応づけないぶん、"数列ならでは"の扱いをすることもできます。そのうちの一つは、「**漸化式**」を考えられる、というところでしょう。

　「漸化式」という単語を聞くと、名前がすでに難しそうなので、何かまた難しい概念なのかな、と思ってしまう人も多いでしょう。しかし、あまり身構えないでください。「漸化式」というのは、平たくいえば、「"次"との関係を表した式」のことです。

　小数や分数と違って、自然数では"次"を考えることができます。小数や分数を扱っているとき、1の"次"の数、といわれても困りますね。2なのか1.1なのか1.01なのか、よくわかりません。しかし自然数だけで考えるなら、1の"次"は2です。2の"次"は3です。自然数では"次"の数を明確に指定できます。

　数列は、自然数との対応づけに限られているぶん、"次"の数がはっきりと決まります。そのため、数列では「"次"との関係」を考えることが可能なのです。

　〈ヒント〉に書いた通り、今回の問題で直接の関係をいきなり見るのは少し難しいでしょう。そこでまたまた表を書いてみます。

　表を書くと、分割される数の増え方が2, 3, 4, …、と1ずつ増えていることにすぐ気づきますね。直線を5本引くと分割される数は5つ増えて**16**、6本のときは22、7本のときは29、8本のとき

は37、9本のときは**46**となります。

直線の本数	1	2	3	4	…
分割される数	2	4	7	11	…

（+2、+3、+4）

一応答えは出てきましたが、順に足していくのは少し面倒だな、と思った人もいるかもしれません。先ほどの問題のように、一般項を考えたらもっと楽に答えが出るのでは、と思った人もいるでしょう。そういうふうに思うことも、数学を勉強するうえでは大事です。

結論からいえば、今回、数字の並びだけから一般項を考えるのは、かなり難しいです。しかし、計算して一般項を求める方法がないわけではありません。そのための手がかりこそ、漸化式を考えること、つまり「"次"との関係」を数式で表すことなのです。

まず、具体的に「"次"との関係」を見ていきましょう。2本のときと3本のときの関係はどうなっていますか。3本のときと4本のときではどうでしょう。2本のときと3本のときでは、3本のときのほうが3つ多くなっています。3本のときと4本のときでは、4本のときのほうが4つ多いですね。つまり、直線がn本のときと$n+1$本のときでは、$n+1$本のときのほうが、分割される数が「$n+1$個」多くなっている、といえます。

この「"次"との関係」を、数式で表してみます。ある本数（n本）での分割される数をa_n、直線を1本増やしたとき（$n+1$本）の分割される数をa_{n+1}とすると、

$a_{n+1} = a_n + n + 1$

となりますね。これが"漸化式"です。一度数式にしてしまえば、

あとは"数学"を使って計算することができます。途中の具体的な計算は省略しますが、最終的に一般項は、次のような式になります。

$$a_n = \frac{n(n+1)}{2} + 1 \ \left(= \frac{1}{2}(n^2 + n + 2)\right)$$

漸化式から一般項を求める計算は、確かに漸化式の"難しいところ"といえます。漸化式の形によっていろんな計算方法がありますし、場合によっては複雑な計算になったりもするでしょう。そのあたりのことを、高校の数学で練習している、というわけです。

中学入試では、漸化式から一般項を求める計算ができることは求められていません。今回の問題も、最後は漸化式にそって順番に計算していくしかないでしょう。しかしこういった問題を通して、"次"との関係を考えること、つまり、漸化式の概念のイメージを受け入れることができれば、その先の"計算練習"へのハードルも低くなるのではないでしょうか。

漸化式を見つけるためには"前後の関係"を見ていく

【問題】
　横一列に並んだ n 個の○の間に、仕切りの | を入れていくつかの部分に分ける方法の数を S(n) とします。
　例えば
　n = 2 のとき　○○に対し　○|○　より S(2) = 1
　n = 3 のとき　○○○に対し　○|○○　○○|○　○|○|○
　　　　　　　　より S(3) = 3
です。このとき次の問いに答えなさい。
(1) S(4)、S(5) を求めなさい。
(2) S(n) = 127 となる n を求めなさい。

(2009 東大寺学園中)

この問題も、漸化式を発見する問題です。とはいえ、いきなり漸化式を見抜くのは難しいでしょう。繰り返しになりますが、そういうときは、まず"やって"みることが大事です。そもそも（1）の「S(4)、S(5) を求めなさい。」というのは、S(4)、S(5) くらいまでは実際にやってみなさい、というメッセージでもあります。

　さて、実際に調べていくと、S(4) は **7**、S(5) は **15** です。○が1個のときは分けられないので S(1) = 0 と考えると、

　0, 1, 3, 7, 15, ……

という数列ができますね。この数の並びからだけでも、漸化式を見つけようと思えば見つけることができますが、慣れていない人には少し難しいかもしれません（すぐに見つけられた人は、相当"数のセンス"があると思ってもらっても大丈夫です）。

　漸化式を見つけるためには、"前後の関係"に注目します。S(3) と S(4) あたりを比較するのが一番わかりやすいでしょう。4つの○を並べたときの「7通り」を次のような3つのグループに分けてみます。

(ア)　○｜○○○　　　　○○｜○○　　　　○｜○｜○○

(イ)　○｜○○｜○　　　○○｜○｜○　　　○｜○｜○｜○

(ウ)　○○○｜○

　何か気づいたことはありますか。なかなか気づかない、という人は、3つ目までの○の分けられ方に注目してみてください。

（ア）のグループと、（イ）のグループは、3つ目の○までの分けられ方がそれぞれ上下で同じですね。（ア）のグループはそのまま4つ目の○が並べられているのに対し、（イ）のグループは仕切りを1つ入れてから4つ目の○を並べています。

　そしてさらに、この2つのグループの3つ目までの○の分けられ方は、S(3)のときの分けられ方と同じだ、ということにも気づきましたか。いわれてみれば、当たり前の話です。「3つ目までの分け方」はS(3)のときに出てきていないはずはないでしょう。

　なるほど、それならS(4)はS(3)の2倍か、というと、それでは少し足りません。忘れてはいけないのが（ウ）のグループです。"3つ目までを分けない"というのはS(3)には入っていませんが、S(4)を考えるときには「3つ目までは分けないけど、3つ目と4つ目の間で分ける」というのを入れる必要があります。「3つ目まで分けず、3つ目と4つ目との間でも分けない」というのは結局分けていないので、S(4)にも入りません。

　以上より、S(4)はS(3)を「2倍して1をたす」ことで求めることができます。S(4)からS(5)、S(5)からS(6)の間にも同じロジックは成り立つので、

　　$S(n + 1) = 2 \times S(n) + 1$

という漸化式をつくることができるでしょう。先ほどの数列で確認してみてください。ちゃんと成立していますね。これを利用して続きを計算すると、S(6) = 31、S(7) = 63、S(8) = 127となります。ちなみにこの漸化式から一般項を求めると、$S(n) = 2^{n-1} - 1$です（具体的な方法はここでも省略します）。

三項間漸化式と連立漸化式

【問題】

階段を 1 段ずつと 2 段ずつ混ぜて上るのぼり方を調べます。例えば 3 段の階段の場合、のぼり方は（1 段＋ 1 段＋ 1 段）、（1 段＋ 2 段）、（2 段＋ 1 段）の 3 通りになります。

階段が 8 段のとき、のぼり方は何通りですか。

(2010 本郷中)

> Hint!
>
> またまた漸化式を利用する問題ですが、これも初見で漸化式を見抜くのはなかなか難しいでしょう。聞かれているのは 8 段のときですが、1 段のときから順に調べてみてください。今回は、どちらかというと、"意味"よりは数字の並びに注目したほうが、規則性を見つけやすいかもしれません。

解法

難しい概念の"イメージ"をつかむ

　最後に、漸化式の応用問題を紹介します。今回はかなり難しいので、無理に細部まで理解する必要はありません。イメージだけでもなんとなくつかんでもらえれば、それで十分です。

　まずは、実際に"やって"みましょう。1段のときは（1段）だけなので1通り、2段のときは（1段＋1段）、（2段）の2通りです。そうやっていくつか調べて「数列」をつくります。

　　1，2，3，5，8，13，……

　この数列の増え方に注目してください。1，1，2，3，5，……と、もとの数列によく似ています。次は8増えそうで、その次は13増えそうですね。別の見方をすると、これは「前の2つの和が次の数になっている数列（1＋2＝3，2＋3＝5，3＋5＝8，……）」だということもできます。

　さて、この数列の漸化式を考えてみましょう。n番目の数をa_nとすると、これは、$n-1$番目の数（a_{n-1}）と、$n-2$番目の数（a_{n-2}）の合計になっているのでした。つまり、

　$a_n = a_{n-1} + a_{n-2}$

と表せます。隣り合った2つの項だけではなく、さらにその隣も合わせて、3つの項を巻き込んだ漸化式になりました。こういった漸化式を「**三項間漸化式**」といいます。小中学生男子が喜びそうな"強そうな"名前ですが、要するに「3つの項の間に成り立つ漸化

式」というわけです(今回の漸化式が成り立つ数列のうち、特に 1, 1 から始まるものは、「**フィボナッチ数列**」と呼ばれます)。

 この漸化式の意味は、次のように考えるのがいいでしょう。たとえば 7 段で考えたとき、最初に 1 段だけのぼると、残りは 6 段です。6 段ののぼり方は 13 通りでした。最初が 2 段なら残りは 5 段で、これは 8 通りです。よって 7 段ののぼり方は、13 + 8 = 21 通りとなります。漸化式通り「前の 2 つを足して」いますね(問題で聞かれている "8 段のとき" は 13 + 21 = **34 通り**です)。

 ちなみに、この三項間漸化式から一般項を求めると、

$$a_n = \frac{1}{\sqrt{5}} \left\{ \left(\frac{1+\sqrt{5}}{2}\right)^{n+1} - \left(\frac{1-\sqrt{5}}{2}\right)^{n+1} \right\}$$

となります。すごい形ですね。しかしこんな形でも、n に整数を入れていくとちゃんと a_n は整数になります。確かめてみてください。

 もう 1 つ難しいのをいきましょう。今度は「**連立漸化式**」です。

【問題】
 1,2,3 の数字がそれぞれ書かれたカードがたくさんあります。この中から何枚かのカードを選んで、次の<規則>に従って左から 1 列に並べます。
 <規則> 1 の数字の書かれたカードは続けて何枚でも並べることができるが、2 または 3 の数字の書かれたカードは続けて並べることはできない
 カードを 3 枚並べるとき、異なる並べ方は何通りありますか。また、カードを 6 枚並べるとき、異なる並べ方は何通りありますか。

(2013 豊島岡女子学園中 表現改)

第 3 章 未来を切り拓く道具としての関数・数列

これも、まずは"やって"いきます。しかし今回は、数字の変化からだけではなかなか漸化式が見えてきません。そこで、前後の関係に注目して"漸化式"を抜き出してみましょう。このとき、全体の数を一気に数えるのではなく、「1で終わる並べ方」と「2か3で終わる並べ方」で分けて考えるのが、今回の重要なポイントです。

　たとえば、2枚のときと3枚のときを比べます。2枚並べたとき、1で終わるのの3通り、2か3で終わるのの2通りです（図）。

　3枚のときはどうでしょう。3枚を条件通りに並べるためには、まず2枚目までが条件通りに並んでいなければいけません。そこで、先ほどの5通りをベースに、3枚目に何を置くか、と考えます。3枚目に1を置けば、それはすべて条件を満たす並べ方になりますね。3枚目に2か3を置くとどうでしょう。こちらは、条件を満たすのは、2枚目が1だった3通りだけです。2枚目が2か3なら、3枚

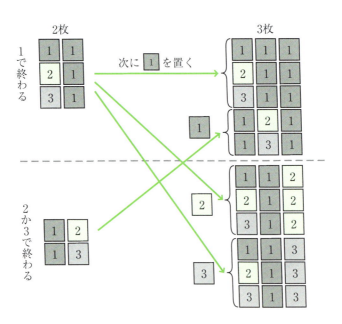

目にまた2か3を並べることはできません。

よって、3枚並べるとき、1で終わる並べ方は「2枚のときの1で終わる並べ方」+「2枚のときの2か3で終わる並べ方」、2か3で終わる並べ方は「2枚のときの1で終わる並べ方」×2、となります。枚数を増やしていっても、同じロジックが通用します。

枚数 n	1	2	3	4	5	6	7	8	…
1で終わる並べ方 a_n	1	3	5	11	21	43	85	171	…
2か3で終わる並べ方 b_n	2	2	6	10	22	42	86	170	…
全部の並べ方 c_n	3	5	11	21	43	85	171	341	…

そのまま順番に数字を埋めていくと、答えは「3枚のとき11通り、6枚のとき85通り」となります。中学入試の問題としてはこれでいいのですが、せっかくなのでこれも漸化式にしてみましょう。

カードを n 枚並べるときの、1で終わる並べ方の数を a_n、2か3で終わる並べ方の数を b_n とすると、

$a_{n+1} = a_n + b_n$
$b_{n+1} = a_n \times 2$

これが今回の漸化式です。2つの漸化式が連立されているので、「連立漸化式」です。これを頑張って計算すると、条件を満たす並べ方の数 c_n は、$c_n = \dfrac{2^{n+2}+(-1)^{n+1}}{3}$ となります。

漸化式は"便利なもの"

　三項間漸化式や連立漸化式も含めて、漸化式から一般項を求める計算は、確かに難しいでしょう。そういった技術をきちんと修得するためには、高校数学でそれなりに練習を積む必要があります。しかし、そのときになって初めて「漸化式」という概念と出会い、いきなり数式で提示されてしまうと、"単なる面倒くさくて難しい計算"にしか見えません。拒絶反応を起こしてしまい、学習意欲が減退してしまうのも、無理のない話です。

　そういう意味では、まず今回のような問題に触れ、実際に"やって"みる（漸化式に数字をあてはめてどんどん数値を求めていく）経験を積んでおくことは、そういった「漸化式」へのハードルを下げておくためにも、とても大事なことではないでしょうか。

　様々な数列を扱うとき、いつも最初から"一般項"が見えるとは限りません。実際に今回の問題もそうでした。しかし、そんなときでも、漸化式ならわかることがあります。数学が「漸化式から一般項を求める計算技術」を確立したおかげで、そういった「一般項はわからないけど漸化式ならわかる数列」を扱えるようになった、と思うと、"数学"の有難味が少しわかった気がしませんか。

＊　＊　＊　＊

　関数や数列は、欲しい結果を得るためのプロセスを、計算で求められるようにする、まさに「未来を切り拓く道具」だといえるでしょう。ひとくちに「関数（数列）」といっても、一次関数のようなシンプルなものから、もっと複雑なものまで、様々な種類があります。その中でも基礎的なもの、利用頻度の高いものについて、性質を理解し、技術的な練習を積んで、実際に利用できるようにしていくことこそ、学校数学のカリキュラムの意義の一つなのです。

第4章

分数・小数で"数の世界"を拡げる

Introduction

"分数・小数のカベ"の正体とは？

　私たちの身の周りには様々な"数"が存在します。その中で最も身近なものは、「自然数」と呼ばれる数でしょう。1, 2, 3, …という、いわば「物を数えるための数」です。

　しかし、さらに私達をとりまく"世界"をよくよく観察していくと、その自然数だけでは物足りない"世界"が見えてきます。その"より深い世界"に進むには、自然数より1段階上の、新しい"数"の概念が必要です。たとえば、分数や小数のような、"自然数の間にある数"がそれにあたります。

　数字の書き方や1桁のたし算から始まる算数の学習も、内容が進むごとに難しくなっていきます。その中でも、分数・小数の登場は、小学生にとっての最初の"カベ"といっても過言ではないでしょう。

　分数や小数を学習する、というのは、単に新しい題材が登場する、というだけではありません。それは同時に、"次の世界"への扉が開かれる瞬間でもあるのです。たとえそれまで順調に学習を進めていても、「次の世界への進み方」を知らなければ、そこから先には進んで行けないでしょう。

　中学入試では、分数・小数の問題もよく出てきます。それは、受験生が"次の世界"への進み方を知っているかどうか、そして、実際に進んで来ているかどうか、をテストするためです。

なぜ分数の割り算はひっくり返してかけるのか

【問題】

$$\frac{76}{91} \times \frac{77}{95} \div \frac{68}{65} \div \frac{88}{51} = \square$$

(2015 海陽中)

第4章 分数・小数で"数の世界"を拡げる

> Hint!
>
> 取り立てて特別な意図はない、普通の計算問題です。分数の割り算は、ひっくり返してかければいいんでしたよね、という確認です。今回のメインはむしろ、タイトルにもある通り、「なぜ分数の割り算はひっくり返してかけるのか」にまつわる話です。

解法

算数・数学は"真面目"に勉強してもダメ!?

　算数・数学の勉強は真面目にやった、それでもできるようにならなかった、という人は、少なくないのでしょう。だからこそ、算数・数学には才能が必要だ、と思われることが多いのだと思います。しかしそもそも、算数・数学は、"真面目"に勉強してできるようになる科目ではない、というと驚きますか。

　"真面目"に勉強する人は、先生や参考書のいうことを"正しく"理解しようとします。そして、理解したことを"二度と忘れない"ようにしようとします。ものによってはそういった勉強も大事でしょう。しかしそれは、算数・数学の勉強方法ではないのです。

　それでは、算数・数学はどういうふうに勉強していけばいいのでしょうか。第1章でも書いた通り、先生や参考書の話を聞いたり読んだりしただけで満足するのではなく、まず自分でやってみることが大事でしょう。そして、それに加えて、そうやっていろいろとやっていく中で"自分なりの理解"を持つことと、その"理解"をつねにアップデートしていくことも重要です。

なぜ多くの人が、分数の割り算でつまずくの？

　算数・数学は、学習を進めていくたび、世界が少しずつ拡がっていきます。そうして新しい世界に進んだとき、"それまでの世界"で通用していた理解が、"次の世界"では通用しない、ということがよくあります。たとえば、「分数の割り算はなぜひっくり返してかけるのか、がわからない」というのも、そのギャップが生み出す悲劇の一つでしょう。

　そもそも、なぜ多くの人が分数の割り算でつまずくのでしょうか。

先生の説明が下手だったからだ、と思っている人もいるかもしれません。しかしおそらく、どれだけ優秀な先生が、どれだけわかりやすく説明したとしても、つまずく人はやはりつまずきます。

　分数の割り算でつまずいてしまった人の話をよくよく聞いてみると、$\frac{3}{5} \div \frac{2}{7}$という式を見たとき、「え、なに、$\frac{3}{5}$個のリンゴを$\frac{2}{7}$人で分けるの？　意味不明」という反応を示します。

　つまり実は、わかっていないのは「分数の割り算はなぜひっくり返してかけるのか」ではなく、「なぜ分数の割り算をするのか」「分数の割り算がどういう場面で必要になるのか」なのです。そういう状態の人に、「なぜそうなるか」という理屈を一生懸命説明しても、そもそも受け入れられるはずがありません。たとえ理屈自体を理解できたとしても、なんだか腑に落ちない、やっぱり分からない、となってしまうことでしょう。

　分数の割り算でつまずく人たちに本当に必要なことは、「割り算」の"理解"をアップデートすることです。「分数で割る」ことを受け入れられないのは、「割り算とは"分ける"ことである」と理解しているからです。自然数の世界ではその"理解"でも間違いではないでしょう。しかし、「分数・小数で"分ける"」と考えてしまうと、確かに意味がわかりません。分数・小数の世界では、"分ける"とは違った観点から割り算を"理解"しなおす必要があるのです。

「割り算」とは"比べる"ことでもある

　それでは、その"別の観点"とは何でしょう。それは、「割り算とは"何倍になっているか"と考えることだ」というとらえ方です。

　たとえば、$\frac{3}{5} \div \frac{2}{7}$という計算を「$\frac{3}{5}$は$\frac{2}{7}$の何倍か」と考えるの

です。分数の大きさを比較する場面なら、想像できないというほどのものではないでしょう。分数の割り算を使うシチュエーションがイメージできれば、ロジックを受け入れる余裕も出てきます。

「割り算とは"何倍か"を考えることだ」と念頭に置いて、次の計算を見てください。

① $\dfrac{3}{4} \div \dfrac{1}{4}$　　② $\dfrac{3}{7} \div \dfrac{2}{7}$　　③ $\dfrac{3}{5} \div \dfrac{2}{7}$

①は簡単ですね。「$\dfrac{3}{4}$ は $\dfrac{1}{4}$ の何倍か」と考えれば、答えが3になるのは明らかです。わざわざ"ひっくり返す"必要もありません。

②はどうでしょう。これも、結局 $3 \div 2$ をすればいいんだな、というところまではすぐわかるはずです。答えは $\dfrac{3}{2}$ です。

さて、それではいよいよ本題の③です。先ほどまでとの違いはどこにあるでしょう。そう、分母がそろっているかどうか、ですね。分母がそろっていれば簡単に考えることができました。それなら今回も、分母をそろえてみればいいのです。通分してみます。

$$\dfrac{21}{35} \div \dfrac{10}{35} = 21 \div 10 = \dfrac{21}{10}$$

こうすれば「分数の割り算」が計算できますね。構造がわかりやすいように、途中の数字を計算せずに最後まで書いてみましょう。

$$\dfrac{3}{5} \div \dfrac{2}{7} = \dfrac{3 \times 7}{5 \times 7} \div \dfrac{2 \times 5}{7 \times 5} = 3 \times 7 \div (2 \times 5) = \dfrac{3 \times 7}{5 \times 2}$$

それぞれの数字の位置を見てください。結果的に"ひっくり返してかけて"います。

「割り算は"何倍か"を考えることだ」と理解していれば、次の

ような考え方もできるでしょう。$\frac{3}{5} \div \frac{2}{7}$の答えを□とします。そうすると「$\frac{3}{5}$は$\frac{2}{7}$の□倍」、つまり「$\frac{3}{5} = \frac{2}{7} \times □$」といえますね。ここから□を直接考えるのは少し難しいので、「$\frac{2}{7}$を一度1にしてから$\frac{3}{5}$にすればいい」と考えてみます。$\frac{2}{7}$を1にするには、$\frac{7}{2}$をかければいいでしょう。つまり、

$$\frac{3}{5} = \frac{2}{7} \times \boxed{\frac{7}{2} \times \frac{3}{5}}$$

です。□の値は$\frac{3}{5} \times \frac{7}{2}$で求められる、ということです。やはり"ひっくり返してかける"ことになっています。

　分数の割り算はひっくり返してかける、というのは、「割られる数が割る数の何倍か」を考えたら、"結果的に"ひっくり返してかけることになるよ、という話なのです。

　「分数・小数」の世界と、「整数」の世界で、割り算への理解を変えなければいけない、ということではありません。「割り算とは"何倍か"を考えることだ」という理解は、分数・小数の世界だけでなく、「整数」の世界でも通じます。つまりこの"理解"は、「割り算とは"分ける"ことだ」という理解よりも、さらに広い世界で通じる、より本質的な"理解"だということです。

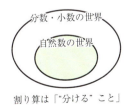

割り算は「"分ける"こと」　　割り算は「"何倍か"を考えること」

本質的な理解を先に教えるのは難しい

初めて自然数の割り算を学習するとき、「割り算は"分ける"ことだ」と教わるかもしれません。しかし、その"理解"を"真面目"に守り続けていては、算数・数学ができるようにならないでしょう。

それなら最初から"より本質的な理解"を教えてくれればいいじゃないか、と思いますか。しかしそれは、根本的な解決にはなりません。"より本質的な理解"は端的にいって、"より難しい"です。最初からそれらを学ぼうとすると、逆にハードルが高くなってしまうことも多いでしょう。初めからすべての"より本質的な理解"を獲得するのは、現実的に不可能なのです。

算数・数学を学習するとき、限定的な世界でのみ通じる"理解"から入るのは、順番として間違いではありません。だからこそ大事なのは、"次の世界"へのカベにぶちあたったとき、それまでの理解を自分で一度突き崩し、もう一度より深い理解を構築していく力なのです。それと同時に、何度も"理解"を修正することを見越して、仮でもいいからその時点での自分なりの"理解"をつくってしまうことも、算数・数学の学習をスムーズに進める秘訣でしょう。

ちなみに、冒頭の問題の解答は以下のとおりです。大きい素数で約分できる箇所を手早く見つけられると、計算が楽になります（76と95が19で、77と88が11で、65と91が13で、51と68が17で、それぞれ約分できます）。

$$\frac{76}{91} \times \frac{77}{95} \div \frac{68}{65} \div \frac{88}{51} = \frac{76}{91} \times \frac{77}{95} \times \frac{65}{68} \times \frac{51}{88}$$

$$= \frac{\overset{4}{76} \times \overset{7}{77} \times \overset{5}{65} \times \overset{3}{51}}{\underset{7}{91} \times \underset{5}{95} \times \underset{4}{68} \times \underset{8}{88}} = \frac{3}{8}$$

小さな単位としての分数

【問題】

次の【例】のように、ある分数を、分子が1で分母が異なるいくつかの分数の和でかき表すことを考えます。

【例】 $\dfrac{2}{3} = \dfrac{1}{2} + \dfrac{1}{6}$, $\dfrac{2}{3} = \dfrac{1}{3} + \dfrac{1}{4} + \dfrac{1}{12}$ など

$\dfrac{13}{20} = \dfrac{1}{2} + \dfrac{3}{20} = \dfrac{1}{2} + \dfrac{1}{7} + \dfrac{1}{140}$,

$\dfrac{13}{20} = \dfrac{10 + 2 + 1}{20} = \dfrac{1}{2} + \dfrac{1}{10} + \dfrac{1}{20}$ など

次の (1)、(2) の分数について、このような表し方を1つ答えなさい。

(1) $\dfrac{13}{18}$　　(2) $\dfrac{5}{13}$

(2007 麻布中)

> Hint!
>
> 【例】に書かれている途中の計算は、出題者からのありがたいヒントでもあります。特に、$\dfrac{13}{20}$のほうに注目すると、2種類のやり方を示唆してくれていますね。答えは一つとは限りませんが、ひと通り見つけられれば、解答としては十分です。

解法

新しく小さな単位をつくり出す

さて、それではここからは実際に、分数・小数の世界を探検してみましょう。今までの自分の"理解"と違うことが出てきても、恐れずじっくりと向き合ってみてください。まずは分数の話からです。

分数が必要になるのは、"1 より小さい数"を表したいときです。そんなとき、まず考えるのは、「1 より小さい単位（基準）」を新しくつくってしまうことではないでしょうか。小学校でも最初は、$\frac{2}{5}$ は「5つに分けたうちの2つ分」と習います。「5つに分けたうちの1つ（$\frac{1}{5}$ の大きさ）」を基準（単位）にして数えているわけですね。こういった「いくつかに分けたうちの1つ」、つまり、分子が1の分数のことを「**単位分数**」といいます。

実際に人類の長い歴史を振り返ってみると、この、新しく小さな単位をつくり出す、という発想は、相当古くからあったようです。紀元前 1650 年ごろのものとされる古代エジプトの"リンド・パピルス"には、すでに単位分数を使った数の表現が登場します。

この"古代エジプトの単位分数"は、よく問題のネタにもなります。歴史的な重要性から、というよりむしろ、パズル性があるからでしょう。今回の問題のように、「分母が異なる」単位分数を使う、というのが特徴です。

たとえば $\frac{2}{5}$ という大きさを、「$\frac{1}{5}$ が2つ」ではなく、「$\frac{1}{3}$ と $\frac{1}{15}$」と表すのです。この手の問題の解き方はいろいろとありますが、ここではいくつか有名なやり方を紹介しておきましょう。

与えられた"ヒント"の意味

一番簡単なのは「引くことのできる最大の単位分数をどんどん引いていく」という方法です。たとえば (1) なら、まず $\frac{13}{18}$ から $\frac{1}{2}$ （最大の単位分数）が引けるかどうかを考えます。これは、引くことができますね。引くと残りは $\frac{2}{9}$ です。次に $\frac{2}{9}$ から引ける最大の単位分数は何か、と考えると、$\frac{1}{5}$ が見つかります。$\frac{2}{9} - \frac{1}{5} = \frac{1}{45}$ です。残りが単位分数となったので、ここで終了です。つまり、

$$\frac{13}{18} = \frac{1}{2} + \frac{2}{9} = \frac{1}{2} + \frac{1}{5} + \frac{1}{45}$$

となります。【例】の $\frac{13}{20}$ の 1 つめの式は、この方法のヒントでした。

2 つ目は、分子を分母の約数の和で表す方法です。18 の約数は 1, 2, 3, 6, 9, 18 で、ここから 9, 3, 1 と選ぶと合計が 13（分子の数）になりますね。これを利用すると、

$$\frac{13}{18} = \frac{9 + 3 + 1}{18} = \frac{1}{2} + \frac{1}{6} + \frac{1}{18}$$

とできます。これが、【例】の 2 式目で示唆された方法でしょう。

この方法は、(2) の $\frac{5}{13}$ のような分母の約数が少ないときにはうまくいきません。しかしそんなときでも、分母と分子に「約数の多い数」をかけて、分母の約数の数を増やすと、うまくいくことがあります。たとえば今回は、12 をかけてみると、次のようにできます。

$$\frac{5}{13} = \frac{60}{156} = \frac{52 + 6 + 2}{156} = \frac{1}{3} + \frac{1}{26} + \frac{1}{78}$$

第 4 章 分数・小数で"数の世界"を拡げる

"ピザ"を分けていく方法

もう一つ別の方法でもやってみます。それは、「具体物を分ける場面を想像する」方法です。たとえば、$\frac{5}{13}$を「5つのものを13人で分けたときの1人あたりの取り分」ととらえるのです。

わかりやすいように、"ピザ"を分ける場面をイメージしてみましょう。まずはそれぞれのピザを、なるべく少ない数に何等分かして、人数以上の切れ端に分けます。たとえば、5枚のピザはそれぞれ3等分すると15切れになり、人数(13人)より多くなりますね。つまり、$\frac{1}{3}$の切れ端なら1人1つずつもらえる、ということです。残った$\frac{1}{3}$の切れ端2つを今度はそれぞれ7等分すると、$\frac{1}{21}$の切れ端が14個になります。また1人1つずつその切れ端を取っていくと、余りは$\frac{1}{21}$の切れ端が1つです。これを13等分して$\frac{1}{273}$の切れ端を13個つくれば、1人1つずつ取って、余りがなくなります。このとき、1人あたりの取り分は、$\frac{1}{3}$、$\frac{1}{21}$、$\frac{1}{273}$の切れ端が1つずつなので、

$$\frac{5}{13} = \frac{1}{3} + \frac{1}{21} + \frac{1}{273}$$

となります。

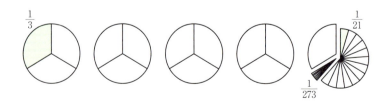

比の値としての分数

【問題】

$\dfrac{31 - \square}{41 + \square} = \dfrac{1}{3}$ のとき、□にあてはまる数を求めなさい。ただし、□には同じ数が入ります。

(2014 豊島岡女子学園中)

> Hint!
>
> 「1を小さく分ける」とは別の"イメージ"で分数をとらえる問題です。今回は分母と分子の関係に注目しましょう。約分して $\dfrac{1}{3}$ になる分数とは、分母と分子がどういう関係にある分数のことでしょうか。

"1" と "2" の間の数に迫る

「1 をいくつかに分けたうちの 1 つ分」を新たな"単位"として考えれば、実用的な面では確かに、「1 より小さい数」を扱うことができるようになります。しかし、よくよく考えると、まだ"数の概念"として「1 より小さい数」を獲得したわけではありません。この方法では、細かく砕いたとはいえ、結局は破片の"個数"を数えているからです。物の個数を扱う以上、それは離散的な数（1 つ 1 つがバラバラの数）であり、連続的な数ではありません。"1 と 2 の間の数"にたどりついたわけではないのです。

「1 より小さい数」をさらに深く理解し、"次の世界"へ進むためには、"物の個数"から離れた数の理解が必要になります。そのカギのひとつが、分数を「比の値」としてとらえる見方です。たとえば、$\frac{2}{3}$ という分数を、「3 の大きさを 1 にしたときの、2 の大きさ」ととらえるのです。

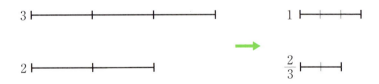

イメージとしては、"線分の長さ"でとらえるのがいいでしょう。これなら、"1 と 2 の間の長さ"をつかまえることができますね。

分数の「約分」を学習するとき、$\frac{2}{3}$ と $\frac{4}{6}$ が同じといわれても、なかなかピンとこなかった人もいるでしょう。これも、分数を「比」

として捉えて、「3に対する2の大きさ」と「6に対する4の大きさ」が同じ、と理解すれば、少し納得しやすくなりませんか。

今回の問題も、分数を"比の値"として捉えられるかどうかが問われています。「約分すると$\frac{1}{3}$」というのは、「分母：分子 = 3：1」という意味です。比が出てきたので、記号を使いましょう。分母を③、分子を①とすると、次のような連立方程式ができます。

31 − □ = ①
41 + □ = ③

あとは、これを解くだけです。今回は、61ページの問題のように、そのまま足してしまったほうがいいでしょう。足してしまえば、「−□」と「+□」で□が消えます。72 = ④となり、①が18とわかるので、31 − □ = 18から、□は **13** となります。

分母と分子の大きさを「比」べる

【問題】
$\frac{□}{20}$は$\frac{7}{16}$より大きく、$\frac{23}{51}$より小さい。□にあてはまる整数を求めなさい。

(2004 洛星中)

この問題を普通に解くなら、通分すればいいでしょう。分母は4080でそろえられ、$\frac{7}{16}$と$\frac{23}{51}$はそれぞれ$\frac{1785}{4080}$、$\frac{1840}{4080}$となります。この問にある「約分して分母を20に戻せる（分子が204で割れる）

もの」を探すと、$\frac{1836}{4080} = \frac{9}{20}$ が見つかります。よって答えは **9** です。

しかしこの方法では 4080 という何やら面倒な数が出てきますし、そもそも最後の「204 で割れる数」を探すところも少し大変です。

そこで、分母と分子の大きさを「比」べる、と考えてみましょう。分数を「比」でとらえると、この問題の意味は、「分子（□）は分母（20）の $\frac{7}{16}$ 倍より大きく $\frac{23}{51}$ 倍より小さい」と読み換えることができます。そうすると、$20 \times \frac{7}{16} = 8\frac{3}{4}$、$20 \times \frac{23}{51} = 9\frac{1}{51}$ より、□は 9 とすぐわかるでしょう。

分数を「比の値」としてとらえる

【問題】

42 個のおはじきを、聖子さんは姉と 2 人で分けたところ、聖子さんがもらったおはじきは、姉のおはじきの個数の $\frac{3}{4}$ 倍でした。聖子さんがもらったおはじきは何個でしょう。

(2014 玉川聖学院中等部 一部表現改)

47 ページの問題などでも扱いましたが、比の値としての分数は、普通の文章題でもよく出てきます。「$\frac{3}{4}$ 倍」は「姉のおはじきの個数を 4 とすると聖子さんのおはじきが 3 にあたる」と

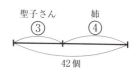

とらえるのがいいでしょう。つまり、聖子さんと姉のおはじきの個数の比が 3：4 です。聖子さんの取り分を③、姉の取り分を④とすると、⑦ = 42 となるので、③ = **18 個**、が答えです。

割り算の答えとしての分数

【問題】

次の式をみたす整数 A の値を求めなさい。

$$\cfrac{1}{1+\cfrac{1}{1+\cfrac{1}{A}}} = \cfrac{28}{55}$$

(2012 西武学園文理中 表現改)

Hint!

見慣れない形にびっくりした人も多いかもしれません。「分数の分母や分子は整数じゃないの?」と思う人も多いでしょう。
ここで、"分数"に新しいイメージを導入することができれば、分母や分子が整数でない"分数"を扱うことができます。その新しいイメージとは、「分数は、割り算の答えである」というものです。

解法

「自然数の世界」から飛び出そう

　それまで"自然数"の世界にいた小学生にとって、分数・小数の学習は苦難の連続です。そうすると必ず、「分数や小数なんて難しいことを考えた人がいるから、自分はこんなに苦労しているんだ」といいだす子供が出てきます。しかし、いうまでもありませんが、"分数・小数"は必要不可欠な概念です。「1より小さい数」を表すため、という実用的な理由だけでなく、そもそも分数・小数がないと、"数の世界"は不完全なものになってしまうからです。

　もし、この世に「足し算」しかなければ、「自然数」の世界だけでもいいでしょう。自然数同士を足すと、必ず自然数になるからです。ここに「掛け算」を加えてもまだ大丈夫ですね。掛け算も、自然数同士の計算なら答えはすべて自然数です。このように、ある計算がその世界だけで完結する場合、数学では、その"数の世界"はその計算に対して「閉じている」と表現します。「自然数の世界は足し算や掛け算について閉じている」という感じです。

　しかし引き算についてはどうでしょう。いくつか具体的に考えてみると、自然数は引き算については閉じていない、ということに気づきますね。確かに「10 − 3」や「354 − 16」のような答えが自然数になるものはありますが、一方で「5 − 5」や「10 − 150」など、答えが自然数にならないものも存在します。

　ある世界がある計算について閉じていないとき、その計算はやらない、というのも一つの選択です。実際に、小学校では「5 − 5」はともかく、「10 − 150」などの計算はやりませんでした。しかしどうしてもその計算をやりたいとき、数の世界を拡張する必要があります。すべての引き算を可能にするには、「0」や「負の数」の概念を取り込み、「整数」へと世界を拡げなければならないのです。

「割り算の答え」になる数をつくる

さて、それでは割り算はどうでしょう。自然数の世界はもとより、「整数」まで世界を拡げても、まだ割り算については閉じていませんね。割り算についても閉じた世界をつくるためには、「2 ÷ 3」や「12 ÷ 7」の答えになる"数"が必要です。

そうです、カンのいい人はすでに気づいていると思いますが、これらの答えになる数こそが、"分数"なわけです。2 ÷ 3 の答えが $\frac{2}{3}$、12 ÷ 7 の答えが $\frac{12}{7}$ ですね。実は、106 ページの 3 ÷ 2 = $\frac{3}{2}$ という計算や、112 ページで $\frac{5}{13}$ を「5 ÷ 13 の答え」ととらえたところなどは、この考え方を使っていました。

"分数で表せる数"のことを「有理数」といいます。この"有理数"の世界まで拡げて、ようやくたし算・引き算・掛け算・割り算のすべてについて"閉じた"数の世界が完成するのです。

"割り算の答え"として分数をとらえることができれば、分母や分子が小数や分数になっていても(「**繁分数**」といいます)、それほど困ることはありません。

たとえば、$\frac{19.2}{24.5}$ や $\frac{\frac{5}{4}}{\frac{3}{2}}$ などは、それぞれ

$$\frac{19.2}{24.5} = 19.2 \div 24.5 \qquad \frac{\frac{5}{4}}{\frac{3}{2}} = \frac{5}{4} \div \frac{3}{2}$$

第4章 分数・小数で"数の世界"を拡げる

という意味にとらえるといいでしょう。普通の分数と扱いは同じなので、分母と分子に同じ数をかけて、

$$\frac{19.2}{24.5} = \frac{19.2 \times 10}{24.5 \times 10} = \frac{192}{245} \qquad \frac{\frac{5}{4}}{\frac{3}{2}} = \frac{\frac{5}{4} \times 4}{\frac{3}{2} \times 4} = \frac{5}{6}$$

とすることもできます。この繁分数を使いこなせるようになると、小数の割り算を、次のように計算することもできます。

$$4.55 \div 2.6 = \frac{4.55}{2.6} = \frac{455}{260} = \frac{91}{52} = \frac{7}{4} = 1.75$$

最初の"繁分数"をつくってしまえば、あとは約分していくだけなので、普通に計算するよりもずいぶんと楽になるでしょう。

また、繁分数は「分数の割り算」の説明にも使えます。下のように考えると、やはり「ひっくり返してかける」ことになりますね。

$$\frac{3}{5} \div \frac{2}{7} = \frac{\frac{3}{5}}{\frac{2}{7}} = \frac{\frac{3}{5} \times 5 \times 7}{\frac{2}{7} \times 5 \times 7} = \frac{3 \times 7}{5 \times 2}$$

さて、今回の問題ですが、これもひとまず、繁分数になっているところを、普通の割り算になおしてみればいいでしょう。少し目がチカチカしますが、丁寧にひとつずつ計算していけば、答えにはたどり着けるはずです。

$$1 \div \{1 + 1 \div (1 + 1 \div A)\} = \frac{28}{55}$$

(上に $\frac{27}{28}$、$\frac{1}{27}$、下に $\frac{55}{28}$、$\frac{28}{27}$、27)

分数についての"理解"を、「〜個に分けたうちの〜個分」から、「比の値、そして割り算の答え」へとブラッシュアップしていくことで、自然数の"次の世界"、すなわち"有理数の世界"の概形が見えてきます。そこまで進むことができれば、「分数の割り算」を受け入れる、心の余裕もできるはずです。

連分数が開く新しい世界

　ちなみに、今回の問題のような「分母に分数が含まれる（場合によってはその構造が繰り返される）」形の分数を、「**連分数**」といいます。この連分数は、数学的にも重要な意味を持ちます。

【問題】

　右の手順で計算することを1回の操作とよびます。Aを最初1として、この操作を5回くり返したとき、Aはいくらになりますか。

1＋AをBとする
↓
1÷BをCとする
↓
1＋CをAとする

（2008 灘中 一部小問略・表現改）

　この問題も、まずはいわれたとおりに"やって"みましょう。計算が楽なように、途中はすべて仮分数で扱います。

1回目の操作：　A：1　→　B：2　→　C：$\frac{1}{2}$　→　A：$\frac{3}{2}$

2回目の操作：　A：$\frac{3}{2}$　→　B：$\frac{5}{2}$　→　C：$\frac{2}{5}$　→　A：$\frac{7}{5}$

3回目の操作：　A：$\frac{7}{5}$　→　B：$\frac{12}{5}$　→　C：$\frac{5}{12}$　→　A：$\frac{17}{12}$

　ある程度調べてみたら、今度は規則性を探します。操作中の数字の動きを追いかけると、分母はその前の「分母＋分子」、分子はその前の「分母×2＋分子」となっていることに気づくでしょう。97

ページのような連立漸化式の問題だった、ということですね。あとは順に計算していくと、4回目で$\frac{12 \times 2 + 17}{12 + 17} = \frac{41}{29}$、5回目で$\frac{29 \times 2 + 41}{29 + 41} = \frac{99}{70}$となります。

この問題の背景にも、実は連分数が隠されています。途中、計算せずにそのまま数字を残してみると、たとえば、3回の操作が終わったところは次のようになります。

$$1+\cfrac{1}{1+1+\cfrac{1}{1+1+\cfrac{1}{1+A}}} = 1+\cfrac{1}{2+\cfrac{1}{2+\frac{1}{2}}}$$

「1 + 1」のところだけまとめて「2」にしました。確かに連分数ですね。しかもこの連分数は特別な連分数です。"分母"の整数部分に注目すると、すべて2になっていることに気づきますか。この操作を何度も繰り返すと、これはなんと$\sqrt{2}$の大きさに近づいていきます。

また後ほど触れますが、有理数の世界の外側には、分数では表すことのできない数、"**無理数**"の世界が広がっています。$\sqrt{2}$もその"無理数"の一つであり、普通の分数では表すことができません。しかし、連分数を使うことで、その"無理数の世界"へ渡るための、架け橋が見えてくるのです。

$\frac{3}{2} = 1.5$

$\frac{7}{5} = 1.4$

$\frac{17}{12} = 1.4166\cdots$

$\frac{41}{29} = 1.4137\cdots$

$\vdots$

$\sqrt{2} = 1.41421\cdots$

$$1+\cfrac{1}{2+\cfrac{1}{2+\cfrac{1}{2+\cfrac{1}{2+\cdots}}}} = \sqrt{2}$$

数の世界を区切る"カベ"

【問題】

$\frac{12}{37}$ を小数で表したとき、小数第1000位の数は何でしょう。

(2003 四天王寺中 表現改)

Hint!

「小数第1000位」といわれると、さすがにそこまで全部調べるわけにはいかないな、とは思いますね。しかし、だからといって何もせずに問題をにらんでいるだけでは、答えが出てきません。
119ページでやったように、$\frac{12}{37}$ は「12÷37」です。この計算をまず"やって"みてください。そうすると、"何か"が見えてくるでしょう。

分数を小数になおすと"繰り返し"が出てくる

先ほど「"分数で表わせる数"を取り込んで"有理数"の世界が完成する」といいました。それでは"小数で表わされた数"はどうでしょう。これも有理数の世界に入っているのでしょうか。それを考えるための第一歩が、今回の「分数を小数になおす」問題です。

〈ヒント〉に書いたとおり、まずは「12 ÷ 37」を計算します（筆算でやると右のような感じです）。そうすると、「324」の塊が繰り返し出てきているのに気づきますね。小数第1000位までには、これが333回繰り返されて、最後に数字が1つ余ります。つまり、小数第1000位は334セット目の最初の数となり、答えは **3** とわかります。

分数を小数になおすとき、いつでも途中で割り切れて終わるわけではありません。しかし、無限に続くからといって、数字が気まぐれに出てくるわけでもないのです。割り切れずに無限に続くとき、今回のように必ず"繰り返し"になります。

分母の数によっては、繰り返しにならないこともあるのではないか、と思いますか。そんなときは、次のように考えてみます。

先ほどの筆算をもう一度見てください。余ったものを割って、さらに余ったものを割って……と繰り返しています。このとき、○をつけた「9」のように、"同じ余り"が出てくると、そこからは"ループ"が発生します（実際にはその前の「12」で最初の「12」に戻っていますが）。この、「余りが同じ」になるところが、ちゃんと出てくるかどうか、がポイントです。

さて、今、割っていく数は37でした。このとき、余りの候補は1から36の36種類あります（今は割り切れない前提なので「0」は含みません）。ということは、37回以上計算すれば、「どこかで同じ数が出てくる」ということができるでしょう。つまり、どんな分数でも、少なくとも小数第「分母の数」位までには必ず"繰り返し"が始まる、ということです。

同じ数字の塊が繰り返される小数のことを、**「循環小数」**といいます$\left(\dfrac{7}{55} = 0.12727\cdots\right.$のように、途中から循環するものもありますが、これも循環小数です$\left.\right)$。

有理数、つまり"分数で表わせる数"を小数にすると、途中で割りきれて終わる（「有限小数」といいます）か、無限に繰り返しの続く循環小数になります。逆にいうと、そうではない小数、無限に続き、かつ繰り返しになっていない小数は、分数で表わせません。つまりそれらは有理数ではなく、無理数だということになります。その意味では、「循環小数」は、有理数と無理数の世界の間の"カベ"の役割を担う、重要な概念だといえるでしょう。

ずれていく循環節

循環小数は、中学入試にもたびたび登場します。調べていくと、面白いテーマがいろいろと出てくるからです。

【問題】
6桁の整数ABCDEFで、一番上の位の数字Aを一番下の位に移した数BCDEFAがもとの数の3倍になるものは、ちょうど2つあります。それらを答えなさい。

（2010 灘中 改）

こちらは、問題としては数字パズルです。順に数字を決めていきましょう。まず1番上の位に注目します。Aは3倍しても繰り上がっていないので、1か2か3しか入りません。次に注目するのは一の位です。Aが1のとき、3倍して一の位が1になるのは7しかありません。よって、Fは7に決まります。同じようにやれば、残りの数も順に決まっていくでしょう。このとき答えは **142857** です。Aが2のときも同様に数字を決めていくと、こちらは **285714** になるはずです（Aが3のときはやってみるとできません）。

　この問題をなぜ今回紹介したかというと、142857や285714という数字が、実は分母が7の分数を循環小数にしたときに出てくる数だからです。

$$\frac{1}{7} = 0.14285714\cdots \quad \frac{2}{7} = 0.28571428\cdots \quad \frac{3}{7} = 0.42857142\cdots$$

$$\frac{4}{7} = 0.57142857\cdots \quad \frac{5}{7} = 0.71428571\cdots \quad \frac{6}{7} = 0.85714285\cdots$$

　さてここで、循環している部分（「循環節」と言います）に注目してください。すべて「142857」がズレているだけ、ということに気づきますか。とても面白いですね。しかし、「面白い」だけで終わってしまうのは、少しもったいないです。ここでは、もう少し踏み込んで、なぜそういうことが起きるのか、も考えてみましょう。

　たとえば、$\frac{1}{7}$ を10倍してみます。分数では当然 $\frac{10}{7}$ です。小数の方はどうでしょう。10倍されると数字は全体的にひとつ左にズレます。そこから整数部分を取る（つまり1を引く）と、

$$\frac{10}{7}\left(= 1\frac{3}{7}\right) = 1.428571428\cdots \quad \rightarrow \quad \frac{3}{7} = 0.4285714285\cdots$$

となりますね。同様の操作を繰り返すと、

$$\frac{1}{7} \to \frac{3}{7} \to \frac{2}{7} \to \frac{6}{7} \to \frac{4}{7} \to \frac{5}{7} \to \frac{1}{7}$$

と変化していきます。つまり、循環節をズラしていくだけで、分母が7のすべての分数をつくることができるのです。

循環節の長さを研究する

せっかくなので、もう少し難しいテーマまで踏みこんでみます。ここも、なんとなくの雰囲気だけつかんでもらえれば十分です。

> 【問題】
> aは2と5以外の素数とします。分数$\frac{1}{a}$を小数で表したときの、1つ目の循環節より後ろを切り捨てた数を$\left\langle \frac{1}{a} \right\rangle$と定めます。
> $\frac{1}{3} = 0.333\cdots \to \left\langle \frac{1}{3} \right\rangle = 0.3, \quad \frac{1}{11} = 0.0909\cdots \to \left\langle \frac{1}{11} \right\rangle = 0.09$
> このとき、$\frac{1}{\square} - \left\langle \frac{1}{\square} \right\rangle = \frac{1}{\square \times 1000000}$ となる30以下の□をすべて答えなさい。
>
> (2006 開成中 改)

$\frac{1}{\square} - \left\langle \frac{1}{\square} \right\rangle$ がどうなるか、をまずは"やって"みましょう。

$$\frac{1}{3} - \left\langle \frac{1}{3} \right\rangle = 0.333\cdots - 0.3 = \frac{1}{3} - \frac{3}{10} = \frac{10 - 3 \times 3}{3 \times 10} = \frac{1}{3 \times 10}$$

$$\frac{1}{11} - \left\langle \frac{1}{11} \right\rangle = 0.0909\cdots - 0.09 = \frac{1}{11} - \frac{9}{100} = \frac{100 - 9 \times 11}{11 \times 100} = \frac{1}{11 \times 100}$$

□に何を入れても $\frac{1}{\square \times ?}$ という形にはなりそうです。？のところはどういう数になるでしょうか。ひとまず「10を何回かかけた数」

になっているのはわかります。

　もう少し見やすくするには、小数で表してみるといいでしょう。たとえば□が11のとき、$\frac{1}{11} - \left\langle \frac{1}{11} \right\rangle$ を小数で表すと 0.000909… です。これは $\frac{1}{11} = 0.0909…$ の $\frac{1}{100}$ 倍になっています。つまり、「循環節1つ分」だけうしろにズラしている、ということですね。よって、？の桁数は「循環節の長さ＋1」となります。ということで、問題の条件を満たすのは、循環節が6桁になるときとわかります。

　あとは、循環節が6桁になるのはどういうときか、がわかればいいでしょう。順に調べていっても答えにたどり着くことはできますが、今回はもう少しロジックで詰めていきます。

　ある分数を循環小数にしたとします。このとき循環節が6桁なら、先ほどのように数字をズラして、6種類の「同じ分母」の分数が作れます。循環節の種類は1つではないかもしれませんが、何セットかあったとしても、その分母の分数は"6の倍数"種類つくれるでしょう。一方、分母が□の分数は、分子が1〜□−1までの□−1種類あるはずです。循環節が6桁になるためには、□−1が6の倍数、つまり、□が「6の倍数＋1」でなければいけませんね。よって□の候補は7か13か19です。実際に調べると、分母が19のときの循環節は18桁なので、答えは **7** と **13** だけになります。

　この話をもう少し広げると、分母が n のとき、n が素数なら循環節の長さは $n − 1$ の約数になる、といえますね。

　さらに一般化してみます。分母 n が素数でない数のとき（ただし2や5では割れないとします）、約分できない分数の個数は $\varphi(n)$ 個です（という話を179ページでやります。お楽しみに）。この中で循環節をズラすセットをつくる、と考えると、循環節の長さはこの $\varphi(n)$ の約数になる、といえるでしょう。

「数」を「数字」で表現する

第4章 分数・小数で"数の世界"を拡げる

【問題】
ある計算をしましたが、その答えに小数点をつけ忘れたため、正しい答えより 707.4 大きくなりました。正しい答えはいくらでしょう。

(2014 成城学園中 表現改)

> Hint!
>
> 「ある計算」というのは、あまり関係ありません。結局のところ、「ある小数から小数点を取ると 707.4 大きくなった」ということです。まずは"やって"みましょう。いろんな小数を具体的に挙げて、小数点を取ってみてください。そのとき、それぞれいくら増えるでしょう。そしてその"増えた数"は、もとの小数とどういう関係にありますか。

「数字」についての理解を深める

　有理数の世界へ進んでいくとき、もう一つ、理解を深めなければいけないテーマが存在します。それは、"数字"についてです。

　自然数の世界にいる間、"数字"という概念と"数"という概念のあまり区別する必要がありません。自然数の世界では、"1"という数は「1」という数字で表されますし、"356"という数は「356」という数字で表されます。"数字"と"数"は別のものだといわれても、「え、同じじゃないの？」というのが自然な反応でしょう。

　しかし、有理数の世界に進むと、これは少し様子が変わってきます。"$\frac{1}{2}$"という数を表すのに、「$\frac{1}{2}$」という数字だけでなく、「0.5」という数字も使います。"$\frac{2}{3}$"という数は、「$\frac{2}{3}$」と表したり「$\frac{4}{6}$」と表したりします。同じ数なのに違う表現がある、ということで、戸惑った経験のある人も、少なくないのではないでしょうか。

　本来"数"は、目に見える概念ではありません。しかし、それでは数を実際に扱うことができなくて、困ってしまいます。そこで人類は、その"数"を表すため、それぞれに記号を割り当てました。

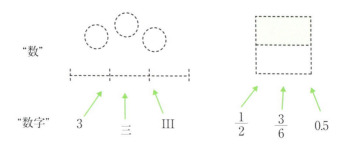

それが"数字"です。その意味では、"数字"は単なる約束事にすぎません。私達は「1, 2, 3, …」という記号を使っていますが、時代や文化が違えば、別の"記号"を使うこともあります。ローマ数字や漢数字を例にあげるまでもありませんね。"数字"は、"数"が現実世界に顕現するための、あくまでかりそめの姿だといえます。

ローマ数字や漢数字は割り当てが大変？

"数字"というのは、"数"を表現するためのシステムです。私達は今でこそ、あまり不便を感じることなく"数字"を使っていますが、最初から今のような形が整備されていたわけではありません。

一番初期の「数字」では、それぞれに対応する数の線でした。漢数字の「三」や、ローマ数字の「Ⅲ」などにも、その名残が見えますね。現在の私達も、何かを数えるとき「正」の字を書いて数えたりします。しかしこういった"数字"は、大きい数を扱うには不便でしょう。"20"を表すために「線を20本」書いてみても、それを読むときにはまた数える必要があります。"数"を記録することはできても、計算に使うのは大変そうです。

そうすると次の段階として、「ある程度大きい数になってきたら、いくつかをまとめて別の記号で表す」というアイディアが出てきます。それこそ「正」の字のように、大きさの決まった塊が見えると、後から数えるのも多少楽でしょう。たとえばローマ数字では、"5"に「V」、"10"に「X」という記号を割り当てています。

しかし、このやり方で十分か、というと、そういうわけでもありません。表す"数"がさらに大きくなってくると、ある程度は表記が煩雑になりますし、そもそも、"数"が大きくなるに従って、そのたびに新しい"記号"を割り当てる必要が出てきます。その気になればいろいろな記号はつくられるので、記号が枯渇する、という

第4章 分数・小数で"数の世界"を拡げる

ことはないかもしれません。しかし、そんなたくさんの種類を使う、ということ自体が、すでに面倒だと思いませんか。

割り当ての問題をクリアした「位取り」

　そういった問題点をクリアした最大の発明が、「**位取り**」というシステムです。現在私達が使っている"数字"にも採用されています。位取りを用いた方法では、数のまとまりに対して、"記号"ではなく"位置"を割り当てるのです。

　たとえば、「55」という数字を見てください。この数字には「5」という記号が2回使われていますが、右の「5」と左の「5」では、表しているものが違います。右の「5」が表しているのは"1"の個数、左の「5」が表しているのは"10"の個数ですね。このように、同じ記号で書かれていても、書かれている位置（位）によって、その大きさを判別できるようにしたのです。この方法なら、"数"が大きくなっても、新しい記号を導入する必要がありません。理論上は、どれだけ大きな数でも表すことができます。

　位取りを用いた数字の表現方法の中でも、私達が普段使っているのは「**10進法**」と呼ばれるものです。10ずつのまとまりで1つ位が進むので、「10進法」です。10進法では0〜9の10種類の記号を使っています。まとまりごとではなく、"1"と"2"、"2"と"3"にそれぞれ別の記号を割り当てることで、より便利になっていますね。また、その位に数字がないことを示す、「0」という記号の導入も、「位取り」を支える重要なアイディアでしょう。

$$1234 = 1000 \times 1 + 100 \times 2 + 10 \times 3 + 1 \times 4$$

✏️ 10進法で小さい数を表す「小数」

さて、この10進法の枠組みで、1より小さい数を表したものが"小数"です。10個集めると1つ位が上がるなら、10個にわければ1つ位が下がります。$\frac{1}{10}$の個数を小数第1位に、$\frac{1}{100}$の個数を小数第2位に、……と順番に置いていくイメージです。単位分数を使って「1より小さい数」を表した発想と、少し似ていますね。

$$12.34 = 10 \times 1 + 1 \times 2 + \frac{1}{10} \times 3 + \frac{1}{100} \times 4$$

今回の問題では、そんな小数の構造がとらえられているか、すなわち、10進法による表記が理解できているか、が問われています。

まずは小数点を取るとどうなるか、いろいろ"やって"みましょう。たとえばもとの数が23.5なら、小数点を取ると235です。もとの数が54.76なら5476ですね。それぞれもとの数の小数点以下の桁数分、位が左に移動しています（もとの数が小数第1位までなら1つ、小数第2位までなら2つ動きます）。10進法で位が1つ左に動くと大きさは10倍されるので、つまり、小数点を取ると小数点以下の桁数に応じて10の何乗か倍される、といえます。

増えた数が707.4なら、もとの数は小数第1位までです。小数点を取ったとき、もとの10倍になったはずなので、増えた分は「もとの数×9」にあたります。よって答えは707.4 ÷ 9 = **78.6** です。

✏️ 様々な「位取り」を考える「N進法」

10進法では、10個集めるごとに位が1つ上がります。しかし別に、「10個ごと」でなくても、決まった数ごとに位が上がるようにすれば、数を表すことはできます。3個ごとに位が上がれば「3進

法」で、5つずつで次の位に進めば「5進法」です。このような決まった数ずつ集めると位が上がっていく仕組みを、総称して「**N進法**」といいます。3進法では0，1，2にあたる3種類の記号が、5進法では0，1，2，3，4を表す5種類の記号が必要になります。

> 【問題】
> 5種類の数字0，1，2，3，4を用いて表される数を、次のように小さい順に並べます。
> 0，1，2，3，4，10，11，12，13，14，20，21，22，23，……
> このとき、2014番目の数は何でしょう。
>
> （2014 渋谷教育学園渋谷中 表現改）

今回は5種類の記号（数字）を使っているので、5進法の問題です。ここで使われている「0，1，2，3，4」の記号の意味は、私たちが普段使っているものと同じでいいでしょう（入試問題では、たまに違う意味の記号として使われることもあります）。

5進法でそれぞれの位が表している大きさは、1，5，25，125，625，…，です。たとえば、5進法で「13」と表される数は、「1が3つ5が1つ」を合わせた大きさ、つまり10進法の"8"という数と同じです。今回の数列は0から始まっているので、これは9番目に来るでしょう。他にも、「132」と表される数を10進法にすると、$25 \times 1 + 5 \times 3 + 1 \times 2 = 42$ となり、これは43番目に出てきます。

逆に、10進法の"9"という数は $9 = 5 \times 1 + 1 \times 4$ なので、5進法では"14"と表されます。今回の数列では10番目の数ですね。問題で聞かれている2014番目の数は、10進法での"2013"なので、

$$2013 = 625 \times 3 + 125 \times 1 + 25 \times 0 + 5 \times 2 + 1 \times 3$$

となり、答えは「**31023**」です。

「数」を分解してとらえる

【問題】

整数 n の各位の数字の和を〔n〕で表します。

たとえば、〔35〕= 3 + 5 = 8,〔602〕= 6 + 0 + 2 = 8 です。

次の問いに答えなさい。

(1)〔1192〕を求めなさい。
(2) A +〔A〕= 100 にあてはまる数 A を求めなさい。
(3) B +〔B〕= 2014 にあてはまる数 B をすべて求めなさい。

(2014 鎌倉学園)

> Hint!

(1) はいいですね。ルール通りに計算するだけです。答えを先にいってしまうと、
1 + 1 + 9 + 2 = 13 です。
本題は (2) と (3) でしょう。まず思いつくのは、ある程度答えの見当をつけて、その周辺の数で実際にいくつか計算してみる、という方法です。もちろん、それで構いません。ただし、特に (3) に関して、「他にも答えがないか」には少し慎重になってください。
さらにもう一つのアプローチとして、たとえば (2) の A を、「十の位が a、一の位が b」という数としてとらえる、という方法があります。このとき A はどういう形で表されるでしょうか。

数字を部分の集合としてとらえる

多くの場合、一つの"数"に対して、「数字」は"ひとかたまり"のものとして提示されます。しかしたとえば、"10"という数に対して「2 + 8」という数字のように、一つの数をいくつかの数字の塊としてとらえることも可能です。もちろん、特に理由がなければ"ひとかたまり"でとらえたほうが便利でしょう。しかし"バラバラ"にとらえることで、新しいものが見えてくる場合もあるのです。

今回の問題でも、数を"バラバラ"にとらえてみます。Aが2桁の数になる、というのは、なんとなく見当がつきますね。そこでこれを、「ab（十の位がa、一の位がb）」としてみましょう。そうすると、Aは「$a \times 10 + b \times 1$」と表せます。これと各位の和である「$a + b$」を合わせたものが100なので、

$(a \times 10 + b) + (a + b) = 100$

となります。つまり、$a \times 11 + b \times 2 = 100$です。$a$に9を入れると成立しません。$a$が8なら$b$が6で成り立ちます（答えは**86**）。

同様に、Bはおそらく4桁の数なので、これを「$cdef$」とすると、

$(c \times 1000 + d \times 100 + e \times 10 + f) + (c + d + e + f) = 2014$

つまり、$c \times 1001 + d \times 101 + e \times 11 + f \times 2 = 2014$となります。$c$に2を入れると残りは12なので、$d, e$が0, fが6のときに成立します。cが1のときは残りが1013となり、dは9しかありません。これで残りは104です。eが9では無理ですが、eを8にして、fも8にすればうまくいきますね。よって答えは**2006**と**1988**です。

「整数部分」と「それ以外」で分割する

数を部分ごとにとらえる、というのは、整数を桁ごとにとらえる、というだけではありません。

【問題】

$70\frac{2}{3} - 20\frac{\square}{12} - 24\frac{3}{4} = 25$

(2012 灘中)

普通に計算すれば解けそうな問題です。出典を見て、灘中でもこんな簡単な問題が出るのか、と意外に思ったかもしれません。

余談ですが、灘中入試は2日に分けて行われ、その2日間の合計で合否が決まります。算数のテストも両日それぞれ1回ずつあるのですが、その1日目の1番で、必ず計算問題が出題されます。1日目のテストは、12～14題程度を50～60分で解く、スピードとセンスが必要なテストです。その先頭に置かれた計算問題では、単に解けるということよりも、いかに素早く正解して他の問題に時間を回せるか、が問われます。

今回の問題は、そんな"灘の計算"の中でも簡単な部類です。本番では文字通り、"秒殺"することが求められたでしょう。普通にやっていると間に合わないので、ここで「整数部分」と「分数部分」に分解してとらえてみます。まずは整数部分だけに注目してください。70から20と24を引くと、残りは26ですね。しかし計算結果は25になっています。ということは、残りの分数部分を計算したときに「1減った」ということです。これを、$\frac{2}{3}$ より $\frac{\square}{12}$ と $\frac{3}{4}$ の合計のほうが1大きい、ととらえましょう。分母をそろえると、$\frac{\square}{12} + \frac{9}{12} = \frac{8}{12} + \frac{12}{12}$ となり、□ = 11 です。

"桁ごと""整数と分数"以外の境界でも分割できる

"桁ごと"や"整数と分数"のような明確な"境界"がなくても、数を自由に分割してとらえることができるようになると、さらに世界は拡がるでしょう。

> 【問題】
> 分母、分子がともに整数で、これ以上約分できない分数のうち、0.5より大きく0.51より小さいものをすべて考えます。ただし、ちょうど0.5または0.51になる分数は除きます。この中で分母が100以下の分数は何個ありますか。
> (2013 灘中 表現改)

この問題も、まずはいろいろ"やって"みます。分母が2のとき、3のとき、…と、条件を満たす分数があるかどうか調べます。最悪100まで順に調べていけばいいや、という覚悟はしておきましょう(実際には100まで調べるのは大変なので、あくまでも"覚悟"が大事という話です)。

分母が小さい方からだとなかなか見つからないので、そんなときは大きい方からの調査に切り替えます。そのあたりは臨機応変に判断してください。調べていくと、$\frac{50}{99}$、$\frac{49}{97}$、$\frac{48}{95}$などが見つかりますね。条件を満たす分数が出てくるのは、分母が大きい数で、かつ奇数のときのようです。また、1種類の分母につき、最大1つまでしか出てこなさそうです。

あとは、「大きい奇数」の"大きい"のところが、具体的にいくら以上なのかわかれば解けるでしょう。ここで、数の分解を使います。それぞれの分数を$\frac{1}{2}$と"残り"に分割するのです。0.5は$\frac{1}{2}$、0.51は$\frac{1}{2}+\frac{1}{100}$なので、この"残り"が$\frac{1}{100}$より小さければ条件を

満たす、ということです。

　分母が偶数のとき、それぞれの分母に対して「約分するとちょうど $\frac{1}{2}$ になるもの」が存在しますね（たとえば分母が84なら $\frac{42}{84}$）。これらはちょうど0.5なので条件を満たしません。

　次に、それより分子を1増やした分数を考えましょう。これを分解すると、$\frac{1}{2} + \frac{1}{その分母}$ になります $\left(\frac{43}{84} = \frac{1}{2} + \frac{1}{84}\right)$。このとき"残り"は分母が100以下となり、分数としては $\frac{1}{100}$ 以上になってしまいます。つまり、0.51以上になってしまうので、これも条件を満たしません。この2つの分数の間に同じ分母の分数はないので、分母が偶数のときは条件を満たすものが存在しない、といえます（調べた通りですね）。

　奇数のときも同じように考えます。分母が奇数なら、約分してちょうど $\frac{1}{2}$ になるものはありません。そこで、$\frac{1}{2}$ より少しだけ大きいものを考えます。たとえば分母が99のとき"$\frac{1}{2}$ より少し大きい"のは $\frac{50}{99}$ です。これは $\frac{49.5}{99} + \frac{0.5}{99} = \frac{1}{2} + \frac{1}{198}$ とできます。つまり、分母が n のとき、$\frac{1}{2} + \frac{0.5}{n} = \frac{1}{2} + \frac{1}{2n}$ とできるものがあるということです。この $2n$ が100より大きければ、$\frac{1}{2n}$ は $\frac{1}{100}$ より小さくなり、条件を満たす分数になります。$2n$ が100より大きくなるのは n が51以上のときなので、あとは51から99までの奇数の数を調べればいいでしょう。その個数は **25個** です（厳密には、これらが約分できないことを確認する必要がありますが、ここでは省略します）。

○：$\dfrac{26}{51} = \dfrac{25.5}{51} + \dfrac{0.5}{51} = \dfrac{1}{2} + \dfrac{1}{102}$　　　×：$\dfrac{25}{49} = \dfrac{24.5}{49} + \dfrac{0.5}{49} = \dfrac{1}{2} + \dfrac{1}{98}$

　中学以降、√などを扱うようになると、「$\sqrt{2}+\sqrt{3}$」というような"数"が出てきます。一見バラバラの数に見えますが、これはこれでひとつの"数"です。"数"は一塊で表現されるもの、と"理解"していると、そういった"数"を見たとき、やはり混乱してしまうことでしょう。数を部分部分でとらえることに慣れておくと、新しい世界での混乱はだいぶ軽減できるはずです。

＊　＊　＊　＊

　第1章で、数学を勉強する、というのは、"数学の庭"を自分の中につくっていくことだ、といいました。その"庭"に置いたものは、一度置いたら二度と置き換えられないわけではありません。必要がなくなったものは捨ててしまい、また別の新しいものと入れ替えてもいいのです。与えられた知識を後生大事に置いておいても、自分の"庭"は豊かにはなりません。気に入ったものがあれば気軽に持ち帰り、もっといいものがあればどんどん更新していくことこそ、最も効率的な「数学の勉強」なのです。

第 5 章

偉大な数学者たちを魅了してきた整数

Introduction

数学は役に立たなくても面白い?

　数学の面白さについて、「数学がどのように役に立っているか」という観点で語られる場面をよく見かけます。確かに、何の役に立つかわからないから面白くない、と思う人も多いのでしょう。そういう人たちは「実はこんなことに役に立っているんだよ」といわれると、興味を持つのかもしれません。

　しかしそもそも、役に立たないことは、本当に面白くないことなのでしょうか。数学が現実社会の様々な場面で役に立っている、というのは、嘘ではないでしょう。だからといって、数学のすべてが役に立っているかというと、そういうわけでもありません。実際のところ、最先端の数学の成果には、現実社会ではすぐに役に立たないものも多くあります。

　たとえば本章のテーマ、"整数"に関する話は、特に「実用性」から遠い分野でしょう。しかしそれと同時に、数学の中では花形のテーマの一つでもあります。

　役に立たないのに人気があるというのはなぜでしょうか。そこには、役に立つかどうかという次元を超えた、数学そのものの持つ面白さがあるからです。

世界は2種類の数でできている
偶数と奇数

【問題】

ア、イ、ウ、エの4つの整数があります。ア、イ、ウの和は偶数、ア、イ、エの和は奇数、ア、ウ、エの和は偶数、イ、ウ、エの和は偶数です。このとき、ア、イ、ウ、エのうち奇数をすべて選びなさい。

(2008 四天王寺中)

> Hint!
>
> 偶数+偶数の答えは偶数でしょうか、奇数でしょうか。偶数+奇数は？ 足す数が3つのときはどうでしょう。まずは具体的な数字で実際に計算してみてください。
> ある程度雰囲気がつかめたら、あとはちょっとした論理パズルです。候補を順に調べていくといいでしょう。

あらゆる整数は「偶数」か「奇数」

人類は初め、物の数を数えるために「数」という概念を得ました。しかし、便利な道具としてその「数」を重宝する一方、次第にそれぞれの「数」が個々に持っている性質が気になりはじめます。

まず気づいたことは、数には2種類ある、ということでしょう。「真ん中のある数」と「真ん中のない数」です。そう、**奇数**と**偶数**のことですね。これらは「ちょうど半分にできない数（1つ余る数）」「ちょうど半分にできる数」ととらえることもできます。

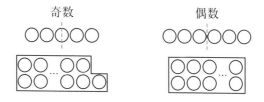

偶数・奇数ぐらい知っているよ、という人も多いでしょう。実際のところ、小学生でも知っている単語です。しかし、「どういうものを偶数・奇数と呼ぶか」はそれほど重要なことではありません。

偶数・奇数を扱うときに一番大事なことは、「ありとあらゆる整数は、偶数か奇数のどちらかである」ということです。整数は無限に存在しますが、その無限の数は偶数・奇数というたった2つのグループで分類されてしまうのです（0や負の数などの話をしだすと議論が散らかるので、あまりくわしくは書きませんが、0は偶数、－1は奇数、－2は偶数、……、とするのが一般的な解釈です）。

たった2種類の数しかなければ、その計算は順序を考えても4種類ずつしかありません。たとえば、たし算や引き算は、それぞれ次の4パターンです。

偶数＋偶数＝偶数	偶数＋奇数＝奇数	奇数＋偶数＝奇数	奇数＋奇数＝偶数

偶数−偶数＝偶数	偶数−奇数＝奇数	奇数−偶数＝奇数	奇数−奇数＝偶数

いろいろな偶数・奇数を使って実際に計算してみるとわかりやすいでしょう。"やって"みれば、本当にそうなっていることを確認できるはずです。無限にあるはずの計算のバリエーションが、たった4種類に分類できるなんて、とても面白いと思いませんか。

さてそれでは、今回の問題を解いてみます。3つの整数を足すとどうなるのか、という問題です。足し合わせる3つの数の順番を気にしなければ、偶数・奇数の組み合わせは、3つのうち何個奇数が入っているかで考えて、A（偶数, 偶数, 偶数）, B（偶数, 偶数, 奇数）, C（偶数, 奇数, 奇数）, D（奇数, 奇数, 奇数）の4パターンしかありません。この4つの組み合わせについて、それぞれ和（合計）が偶数なのか奇数なのかを調べると、以下の通りです。

A（偶数, 偶数, 偶数）
　→和は偶数

B（偶数, 偶数, 奇数）
　→和は奇数

C（偶数, 奇数, 奇数）
　→和は偶数

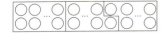

D（奇数, 奇数, 奇数）
　→和は奇数

今、ア＋イ＋ウ＝偶数、ア＋イ＋エ＝奇数、ア＋ウ＋エ＝偶数、イ＋ウ＋エ＝偶数です。つまり、（ア，イ，ウ）（ア，ウ，エ）（イ，ウ，エ）の組み合わせはAかCのどちらかであり、（ア，イ，エ）の組み合わせはBかDのどちらか、ということです。

あとは、ちょっとした論理パズルでしょう。（ア，イ，ウ）の組み合わせに注目すると、これはAかCなので、考えられるのは以下の表の4つのパターンしかありません。次に、それぞれの場合について、ア＋イ＋エが奇数になるように、エを決めましょう。あとは、「ア＋ウ＋エ」「イ＋ウ＋エ」が条件に合うかどうかを調べます。

ア	イ	ウ	エ	ア＋ウ＋エ（偶数）	イ＋ウ＋エ（偶数）
偶数	偶数	偶数	奇数	奇数	奇数
偶数	奇数	奇数	偶数	奇数	偶数
奇数	偶数	奇数	偶数	偶数	奇数
奇数	**奇数**	**偶数**	**奇数**	**偶数**	**偶数**

←これが正解

答えは、**アとイとエ**が奇数、となりますね。

分けられない美しい数
素数

【問題】

約数が1とその数自身しかない1より大きな整数を素数といいます。たとえば、2は1と2のほかに約数がないので素数です。4は1と4のほかに2も約数なので素数ではありません。

このとき、整数aとそれより2だけ大きい整数が共に50未満の素数であるようなaの値をすべて求めなさい。

(2007 渋谷教育学園幕張中)

Hint!

問題としてはそれほど難しくありません。50までの素数をすべて書き出してみましょう。
今回は、この問題の背景にある数学のお話がメインです。

素数は分けることができない美しい数

　数はもともと、物の数を数えるための道具でした。そこから、"分ける"ことへと関心が向くのも自然な話でしょう。2人で分けるのなら、偶数のときはちょうど分けられ、奇数のときは分けられない、ということになります。分ける人数は2人だけとは限りません。3人で分けたり4人で分けたりもするかもしれません。様々な数をいろいろな人数で分けたとき、なかなかうまく"分けられない"数があることに気づきます。たとえば、6つのものは2人でも3人でも同じ数ずつ分けることができます。しかし、7つのものは何人で分けても余りが出てしまいます。余りを出さないためには7人に1つずつ配るか、7つを独り占めするしかありません。

　この「7」のような、「全員に1つずつ配るか独り占めするかしかできない数」を「**素数**」といいます。分けられないという意味では不便な数ということもできるかもしれませんが、別の面から見ると、分けることができない完成された美しい数だととらえることもできます。いずれにせよ、この「素数」が、古今東西、人々の心を捕えてきたことは事実です。

素数は気まぐれで出現する？

　素数の魅力は、単に"割り切れない"という孤高の美しさだけではありません。気まぐれなところも、人々の興味を強く引きつけてきました。

　小さい順に、素数を数えてみてください。一番小さい素数は2です（1は素数に含みません）。その次は3ですね。4は2で割れるので飛ばして、次は5です。6も飛ばしてその次が7、……といった要領で、50までの素数をひとまず並べてみると、

2, 3, 5, 7, 11, 13, 17, 19, 23, 29, 31, 37, 41, 43, 47

の15個が見つかります。

それでは51から100までには何個あると思いますか。調べてみると、53, 59, 61, 67, 71, 73, 79, 83, 89, 97の10個しかありません。そうか、個数は減っていくのかと思いますよね。しかし、101から150まで調べると、ここにも10個あります。さらに151から200まで調べると、なんとこの区間では11個に増えています。いったいどうなっているんだ、と思いませんか。

素数は、一見すると気まぐれに出現するようにも見えます。固まって出てくる区間がある一方で、ずっと出てこない区間が続くこともあります。人類は、この"素数が出てくるタイミング"に何らかの規則性を見出そうと、長い研究を積み重ねてきました。しかし、未だその謎は完全には解明されていないのです。

素数は無限に存在するのか？

素数の謎を調べようと思ったとき、まずは「そもそも素数は無限に存在するのか否か」という疑問が出てくるでしょう。これについては、ずいぶんと昔に結論が出ています。細かい区間で見れば素数の数は増えたり減ったりすることもありますが、大きい視点でとらえると、素数の出てくる頻度は徐々に減っていきます。しかし減っていきはするものの、ゼロになるわけではありません。つまり、素数は無限に存在します。古くは紀元前3世紀、古代ギリシャの数学者エウクレイデス（ユークリッド）がまとめた『原論』にすでにその証明が載っています。

仮に、素数が限られた個数（有限個）だと仮定しましょう。そして、その素数をすべてかけた積をNとします。そうすると、$N+1$

は、どの素数で割っても割り切れず、1余ることになってしまいます。ということは、「$N+1$」は新しい素数か、もしくは、かけていない別の素数で割り切れる、ということになるはずです。しかしNは"すべての素数"をかけたものなので、他に素数はないはず、となってしまい、矛盾が起きてしまいますね。よって、最初の「素数は有限個」とした仮定が間違い、ということになります。

　もう少しわかりやすくするために、実際に"やって"みましょう。たとえば今、2と3と5と7という素数しか知らないとします。「それで全部だ！」と思ったとき、$2 \times 3 \times 5 \times 7$ を計算してそこに1を足してみるのです。そうすると、211になりますね。この211は、2でも3でも5でも7でも割り切れず、1余ってしまいます。そうすると、211自身が素数になっているか、もしくは211を割り切ることのできる他の素数が存在するはず、ということになります（実際には211が素数です）。この作業は無限に続けていけるので、理論上は新しい素数を無限に発見できるといえるのです。

「エラトステネスのふるい」で機械的に素数を探す

　エウクレイデスのすぐあとの時代、同じく古代ギリシャのエラトステネスは、素数を機械的に洗い出していく方法を考案しました。

　まず、1から順に数を並べていきます。そして、1は素数ではないのでこのリストから外します。

　次に、残った数の中で1番小さいものに○をします。今のところ、2ですね。これは素数です。そして、○をした数の倍数、つまり、2の倍数をリストから削除していきます（もちろん、2以外の、です）。同じように、次に残った数の中で1番小さいものに○をして残し、それ以外のその数の倍数を消していってください。そうすると、素数だけがこのリストに残っていくことになるのです。

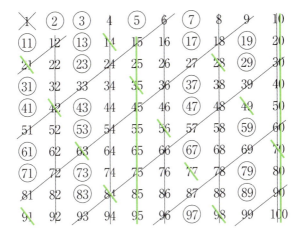

　100までの場合でやってみたのが上の図です。この場合、「7の倍数」を消した時点で、もう消える数はありません。その時点で残った数が素数というわけです。地道な作業ではありますが、この方法なら特に何も考えることなく、機械的に素数を探していくことができますね。この方法は、エラトステネスにちなんで「**エラトステネスのふるい**」と呼ばれます。

2 だけ離れた素数の組「双子素数」

　古代ギリシャの時代から2000年以上たち、いろいろな数学者によって、素数の持つ性質が次々と発見されていきました。しかしその一方で、未だ解決されていない問題もたくさん存在します。

　そのうちの一つが、「双子素数は無限に存在するか」という問題です。**双子素数**というのは、3と5、5と7、11と13のように、ちょうど2だけ離れた素数の組のことです。

　2より大きな偶数は素数ではないので、3以上の素数はすべて奇数です。「2だけ離れた」というのは、実質的には"お隣さん"の素

数ですね。先ほども触れたように、数が大きくなればなるほど、素数の出現頻度は減る傾向にあります。素数同士の間隔も、広がっていくように思うでしょう。しかし、どこかから先はその"お隣さん"で並んだ素数が出てこなくなるのか、それとも、どこまで行っても忘れたころにそういう組が顔を出してくるのか、それは今の時点ではどちらともいえないのです。

今回の問題は、この「双子素数」をテーマにした問題です。50までの素数は、先ほど挙げたように、

2, 3, 5, 7, 11, 13, 17, 19, 23, 29, 31, 37, 41, 43, 47

の15個でした。ここから双子素数を探せばいいので、3と5、5と7、11と13、17と19、29と31、41と43ですべてです（小さいほうの数字が聞かれているので、**3, 5, 11, 17, 29, 41** が答えです）。

この問題は、入試問題としては難しいものではありませんが、背景知識があれば、試験会場でニヤリとできたかもしれません。

ちなみにこの双子素数の謎については、近年大きな進展があったようです。2013年、張益唐氏が「差が7千万未満の素数の組なら無限に存在する」ことを証明しました。7千万というとずいぶん大きな値だな、と感じるかもしれませんが、ここで初めて、有限の値で「差がいくつ以内の素数の組なら無限に存在するか」ということを捕えることができるようになったのです。

そしてわずか半年後の2014年、ジェームズ・メイナード氏とテレンス・タオ氏が（それぞれ独自に）、「差が600以内の素数の組は無限に存在する」ことを証明しました。双子素数の謎が解決される未来も、もうすぐそこまで来ているのかもしれません。

数の個性とは
算術の基本定理

【問題】

本にしおりをはさみました。しおりをはさんだページの数字の積が 14042 でした。しおりは何ページと何ページの間にはさまれているでしょう。

(2006 鎌倉学園中 表現改)

> Hint!
>
> 14042 は、どういう数で割れるでしょう。それを考えることで、もとの数の手がかりが見えてきます。

解法

数の"個性"を見極める素因数分解

　素数は"特別な数"です。しかしそれでは、素数以外の数は、特にこれといった特徴を持たない"普通の数"なのでしょうか。実は、そういうわけでもありません。すべての数は、一つひとつ"違った個性"を持っています。「ナンバーワン」は文字通り「1」だけですが、それぞれに「オンリーワン」な特徴があるのです。

　それでは、そういった"数の個性"を見るには、どうすればいいのでしょうか。そのための手段が「**素因数分解**」です。

　たとえば 60 という数を見てみます。素数ではないので、何かの数で割れるはずです。何でもいいので割ってみましょう。適当に 2 で割ると、答えは 30 ですね。つまり、60 = 2 × 30 と書けます。同じようにどんどん掛け算の形に分解してみてください。

　2 は、これ以上分解できませんね（1 を使えば分解できますが、そうするといくらでも分解できてしまうので、1 を使った分解は考えないことにします）。30 のほうは、6 × 5 などに分解できます。5 はここでおしまいですが、6 はさらに 2 × 3 になります。2 や 3 はこれ以上分解できないので、ここで終了です。

$$60 = 2 \times 2 \times 3 \times 5$$

となりました。最後に並ぶのは分解できない数、つまり素数ですね。

　素数でない数は「**合成数**」と呼ばれます。いくつかの素数を"合成"した数ということです。このとき、どういう素数を組み合わせ

たか、ということこそ、その数の"個性"です。それぞれが素数になるまで掛け算の形に分解していく、つまり「素因数分解」していくことで、その"個性"が見えてくるのです。

🖉 素因数の組み合わせが同じになることはない

ある数を素因数分解したとき、もとの数が同じであれば、分解していく順番に関係なく、最後に出てくる組み合わせは同じになります。60を先ほどとは別の

$$60 = 6 \times 10$$
$$② \times ③ \quad ② \times ⑤$$

方法でも分解してみます。別に、素数で割らなければいけない、という決まりはありません。最初に6×10と分解するとどうでしょう。そこから同じように、分解できなくなるまで分解していくと、やはり最後は2が2つ、3と5が1つずつ出てきます。他にも、いろんな順番で分解してみてください。どのような順番で分解しても、必ず最後は"2が2つ、3と5が1つ"になりませんか。

どういう手順で分解しても同じ組み合わせが出てくる、ということは、そもそもそれぞれに決まった組み合わせが割り当てられている、と考えることができますね。

一方で、その逆のことも考えてみます。別々の数から同じ組み合わせが出てくることはあるのでしょうか。これは少し考えればわかります。たとえば、分解して最後に2×2×3×5になる数を考えてください。これを元に戻すと60にしかなりませんね。つまり、様々な数を分解していったとき、別々の数から同じ素因数の組み合わせが出てくることはない、ということです。

素因数の組み合わせはそれぞれの数に1つだけ割りあてられ、しかも、それは他の数とは違う、その数固有のものです。これはまさ

に、その数の"個性"といっていいのではないでしょうか。

それぞれの数が持つ素因数の組み合わせが、その数に1対1にひもづけられている、ということ。このことを、「**算術の基本定理**」または「**素因数分解の一意性**」といいます。

素因数分解でもとの形を探る

ここで今回の問題を解いてみましょう。本の見開きのページは連続した数のはずです(乱丁・落丁は算数の問題では考えません)。つまりこの問題は、「連続した2つ数をかけて14042となるのは、何と何をかけたときか」という意味になります。

2つの数をかけて14042になる、ということは14042を分解すれば、途中でその数が出てきます。しかし、分解の方法は何通りかあり、途中で出てくる数はそれぞれ違うのでした。やみくもに分解しても、なかなか正解は見つからなさそうです。そこで今回は途中で止めてしまわず、ひとまず最後まで分解してみましょう。

14042は偶数なので、まずは2で割れますね。2 × 7021です。7021は7000 + 21と見ると、7で割れる、というのがすぐわかります。7で割ると、1003です。ここからは小さい素数から順に割っていくしかありません。実際に割ってみると、17で割ったときに割りきれて、その商は59です。59は素数なので、ここで終了です。

あとはこの4つをうまく組み合わせて連続する2つの数をつくれば、それがもとの数のはずです。2 × 59で**118**、7 × 17で**119**、とすると連続した数になりますね。これが答えです。

素因数に注目して計算ミスを減らそう

いくつかの数をかけたとき、もとの数を構成していたそれぞれの素因数は、崩れることなくそのまま引き継がれます。たとえば今回の問題での 2, 7, 17, 59 は、掛け合わせる前の数字がそれぞれ持っていた素因数がそのまま残ったものです。

掛け算をしても、その前後で素因数の組み合わせが変わらないのであれば、2で割れない数同士をかけても2で割れる数にはなりません。逆にいうと、答えが2で割れるときは、かけた数のうちの少なくともどちらか一方が2で割れるはずです。このことをきちんと理解しておくと、簡単な計算ミスならすぐに気づくことができます。

たとえば、次の計算を見てください。

$48 \times 25 = 1300$

この計算、何かおかしい、と思えますか。実際、正解は1200です。途中で繰り上がりを間違えたのかもしれません。このままテストを提出すると、もちろんバツになってしまいます。その前に、なんとか自力で間違いに気づけるようになりたいところです。

自力で計算ミスに気づくために注目するべきポイントは、それぞれのもつ素因数です。まず、答えの1300を見てください。これは明らかに13で割れますね。しかし、かけあわせる前の48と25を見ると、どちらも13で割れません。これは"おかしい"です。逆に見てもかまいません。48が3で割れるのに、1300は3で割れません。これもやはり"おかしなこと"です。おかしいとさえ気づくことができれば、もう一度計算をやり直すチャンスが生まれます。そういうふうに、数の素因数をチェックする習慣をつけておくと、ある程度計算のミスは防ぐことができるでしょう。

 素因数を知ることは数への興味をもつこと

　そもそも、計算ミスをしても気づかないのは、"似たような数"に見えているから、ということもあります。しかし、それらは本当に"似ている"のでしょうか。表面的には似ているものでも、素因数分解をすると、まったく別の形をしていることがよくあります。
　たとえば、246と256という数字を見てください。一見すると、10の位が1違うだけの"よく似た数"にも見えます。しかし、素因数分解してみるとどうでしょう。

　246 = 2 × 3 × 41
　256 = 2 × 2 × 2 × 2 × 2 × 2 × 2 × 2

　明らかに違う形をしていますね。246はどっしりとして無骨な印象がありますが、256はきめ細やかなイメージです、そういう目で見ると、"まったく別の数"だと感じられませんか。

　人間、よく知らないものはみんな同じに見えます。そういう対象は人によって違うと思うので、ここではあえて具体例を挙げませんが、それぞれ思いあたることはあるでしょう。全部同じに見えていれば、"取り違え"ても気づきませんし、何より興味もわきません。
　数を素因数分解し、数の"個性"を知ることは、"数"に興味をもち、理解するための第一歩ともいえるでしょう。

数字のカケラの組み合わせ方
約数の個数

【問題】

1から100までの数字の書いてあるカードがあり、カードの表には赤で、裏には黒で同じ数字が書いてあります。この100枚のカードを表（赤い数字）が上になるように1列に並べ、次のような操作を順に行っていきます。

① すべてのカードをひっくり返す。
② 2の倍数のカードをすべてひっくり返す。
③ 3の倍数のカードをすべてひっくり返す。
④ 4の倍数のカードをすべてひっくり返す。
⋮
⑩⓪ 100の倍数のカードをすべてひっくり返す。

このような操作を⑩⓪まで行ったのち、2回だけひっくり返されたカードは何枚ですか。また、裏（黒い数字）になっているカードの数字をすべて書きなさい。

(2004 洛星中 一部小問略)

> **Hint!**
>
> 何をやっているかわからなければ、実際に10枚くらいのカードを用意してやってみてください。それぞれのカードが何番目の操作でひっくり返されるのか、具体的に考えてみるのもいいでしょう。"ひっくり返される回数"の意味がわかったら、「2回ひっくり返されるカード」「裏になっているカード」とはそれぞれどういう数のカードなのか、が次のポイントになってきます。

第5章 偉大な数学者たちを魅了してきた整数

「裏向きで終わるカード」はどんな数？

"どんな素因数を持つか"はその数の個性です。そしてそれはその数がどんな約数を持つか、とも密接な関係があります。

ここからは約数について、見ていきましょう。約数について知ることもまた"数"への理解を深める方法の一つです。

今回の問題、実は約数の個数を調べている問題だということに気づきましたか。たとえば、6のカードは①、②、③、⑥の操作でひっくり返されて、最後には表を向いて終わります。9のカードは①、③、⑨でひっくり返され、最後は裏向きです。つまり、それぞれのカードは、その数字の約数の操作のときにひっくり返されていますね（①の「すべてひっくり返す」は「1の倍数をひっくり返す」ととらえます）。

さてそれでは、2回だけひっくり返される数、つまり約数が2個しかない数、というのはどういう数でしょう。これはそれほど難しくありません。1のカードは最初に1回ひっくり返されて終わりですが、それ以外のカードは、最初の①の操作と"そのカードの数字"の操作の2回は必ずひっくり返されます（たとえば、15のカードは①と⑮の操作で必ずひっくり返されます）。つまり、2回しかひっくり返されない数は、それ以外には約数がない数、ということですね。これは素数のことでしょう。1から100までに素数は25個なので（149ページ）、**25枚**が正解です。

問題は「裏向きで終わるカード」です。これはどういう数のことをいっているのでしょうか。まずは小さい順に調べてみます。1や4、9などは裏向きで終わりますが、その他のカードは表向きで終わっていますね。何かに気づくことはありますか。

	1	2	3	4	5	6	7	8	9	10	11	12	13
回数	1	2	2	3	2	4	2	4	3	4	2	6	2
結果	裏	表	表	裏	表	表	表	表	裏	表	表	表	表

　実際に手を動かしてみると、そもそも多くの場合、約数は2つずつペアで出てくることに気づきます。たとえば、12は3で割れますが、3×4＝12なので、12は4でも割れるはずです。30は5で割れますが、その相方の6も約数です。

12の約数

1	2	3
12	6	4

30の約数

1	2	3	5
30	15	10	6

　2つずつペアで出てくるということは、約数の個数は基本的に偶数です。偶数回ひっくり返されると、カードは表に戻るでしょう。逆にいうと、裏で終わるということは、約数の個数が奇数、つまり"2つずつのペア"がどこかで崩れているということです。

　それでは、どういうときにこの"ペア"が崩れるのでしょうか。こちらも"やって"みると、すぐに結論が見えてきます。

4の約数

1	2
4	

9の約数

1	3
9	

　「2の相手が2」だったり「3の相手が3」だったりすると、そのペアの数字は"1つ"とカウントされ、約数の個数が奇数になりますね。つまり、「同じ数同士のペア」が出てくるのは、もとの数が平方数のときです。よって、1, 4, 9, 16, 25, 36, 49, 64, 81, 100の10個の数が答えです。

約数の個数に影響を与えるものとは？

約数の個数が奇数になるのは平方数のときだ、ということがわかりました。そこから、単に偶数・奇数というだけでなく約数の個数を具体的に知る方法はないのか、と思いませんか。思い始めたら、それはあなたの中の"数学者"が目覚めはじめた証拠です。さらに「約数の個数は、それぞれの数が持つ素因数が影響しているんじゃないか」と思った人もいるかもしれません。そこまで気づくようになれば、数学のセンスもずいぶん磨かれてきたといえるでしょう。

素数、つまり分解できない数のとき、約数の個数は少ない（2個）です。逆に、素因数が多い数は、約数の個数も多いような気がします。しかし、「8（＝2×2×2）」と「12（＝2×2×3）」は、12のほうが約数は多いです。素因数の個数だけでなく、その素因数の種類も影響していそうです。

ここでたとえば72の約数を数えてみましょう。2つずつセットで書き出していくと、6ペア見つかり、約数の個数は12個です。この12個を表に並べてみます。この表の中の数字は、右に進むと2倍、下に進むと3倍になっていますね。そして、3×4のマスにちょうど収まっています。これはどういう意味なのでしょうか。

1	2	3	4	6	8
72	36	24	18	12	9

→

1	2	4	8
3	6	12	24
9	18	36	72

72を素因数分解すると、72 ＝ 2×2×2×3×3です。こうして素因数分解してみると、72が2で割れることはすぐにわかります。3で割れることもわかります。もう少し考えてみると、2×2の4でも割れますし、2×3の6でも割れます。2×2×2の8では割

れますが、3×3×3の27では割れません。2は3つありますが、3は2つしかないからです。

つまり72の約数は、素因数分解して見つけた素因数、「2が3つ、3が2つ」のうちのいくつかを掛け合わせたもの、ということができます。約数の個数というのは、この素因数の組み合わせ方の種類の数です。先ほどの表は、実はこんな意味だったのです。

3の個数＼2の個数	0個	1個	2個	3個
0個	1	2	4	8
1個	3	6	12	24
2個	9	18	36	72

2の使い方は、「1個使う」「2個使う」「3個使う」という選択肢に「使わない」を加えた4通りあります。3の使い方も、「1個使う」「2個使う」と「使わない」で3通りあります。よって、「2と3の使い方」は全部で4×3 = 12通り、と計算できますね。

表で書くのは難しいですが、出てきた素因数の種類が3種類以上でも考え方は同じです。

一般的に、ある整数nが$n = p^a \times q^b \times r^c \times \cdots$と素因数分解できるとき、約数の個数は

約数の個数 $= (a+1) \times (b+1) \times (c+1) \times \cdots$

で求めることができます（それぞれの「＋1」というのは、「使わない」という選択肢の分です）。

これを使うと、平方数の約数の個数が奇数になることも、数学的にきちんと証明できますね。平方数を素因数分解すると、それぞれ

の素因数は必ず偶数個出てくるので、$(a+1)$, $(b+1)$, …はすべて奇数となり、かけた答えも奇数になります。

$$36 = \underline{6} \times \underline{6}$$

それぞれから同じ素因数が
同じ組み合わせで出てくるはず

> 【問題】
> 　約数を6つ持つ2桁の整数のうち、最も大きいものから最も小さいものを引いた差はいくつですか。
> 　　　　　　　　　　　　　　　　　　　　　　　　(2013 筑波大附属中)

約数が6個ということは、最後の計算は「6」か「2×3」なので、素因数分解をしたときの形は p^5 か $p^1 \times q^2$ のどちらかです。

前者のタイプは、p が2のときの32だけです（3以上だと2桁になりません）。後者のタイプは候補が多いので表にしてみます。

p	2			3		5		7		11		13	17	19	23
q	3	5	7	2	5	2	3	2	3	2	3	2	2	2	2
$p^1 \times q^2$	18	50	98	12	75	20	45	28	63	44	99	52	68	76	92

ここから最大のものと最小のものを探して計算すればいいので、答えは $99 - 12 =$ **87** です。

結果的には、最大が99、最小が12だったので、上から下から順に調べていったほうが速かったかもしれませんね。今回のやり方でも、2×7^2 の98と、3×2^2 の12が見えた時点で10, 11, 99を調べると、一気に答えにたどりつきます。中学入試という場においては、そういった状況判断力が求められることもあります。

数字のジグソーパズル
約数の和と完全数

【問題】

2014 のすべての約数の和はいくらでしょう。

(2014 穎明館中 表現改)

> Hint!

約数をすべて調べて足していけば解くことはできます。
とはいえ、それはとても面倒ですし、話が進みませんので、ここでは"公式"を紹介します。その公式は、先ほどの約数の個数の公式の延長上にあります。

第5章 偉大な数学者たちを魅了してきた整数

今回のテーマは「約数の和」です。〈ヒント〉に書いたとおり、いきなり公式からいきましょう。たとえば72で考えてみます。

				段ごとの合計
1	2	4	8	1 + 2 + 4 + 8 = 15
3	6	12	24	45
9	18	36	72	135

先ほどの表ですね。このとき、全部まとめて足すのではなく、まずは段ごとに足していきましょう。真ん中の段や下の段の合計が、それぞれ一番上の段の3倍、9倍になっていることに気づきますか。個々の数が3倍、9倍なので、当然といえば当然です。これらを足す、つまり（1 + 2 + 4 + 8）の1倍と3倍と9倍を足すと、

$(1 + 2 + 4 + 8) \times (1 + 3 + 9) = 195$

となりますね。これが公式のもととなる考え方です。

素因数が3種類以上のときも含めて一般化すると、ある整数 n が $n = p^a \times q^b \times r^c \times \cdots$ と素因数分解できるとき、約数の和は次のようになります。

$$約数の和 = (1 + p + p^2 + \cdots + p^a) \times (1 + q + q^2 + \cdots + q^b) \\ \times (1 + r + r^2 + \cdots + r^c) \times \cdots$$

今回の問題で2014を素因数分解すると、$2014 = 2 \times 19 \times 53$ となるので、約数の和は

$(1 + 2) \times (1 + 19) \times (1 + 53) = 3240$

となります。ちなみに 2014 の約数は 1, 2, 19, 38, 53, 106, 1007, 2014 の 8 個です。普通に足した答えとも一致していますね。

✏️ 約数を全部足すことに意味はあるの？

「約数を全部足して何か意味があるの？」と思うかもしれません。しかし、約数の和を考えることは、とても面白い数学的なテーマへとつながっていきます。

【問題】

ある正の整数 a のすべての約数の和を b とし、b ÷ a を A とします。たとえば a を 3 とすると、3 の約数は 1, 3 ですから、b は $1 + 3 = 4$ なので A は $\frac{4}{3}$ となります。a が 4 のときは b は $1 + 2 + 4 = 7$ なので A は $\frac{7}{4}$ です。

(1) 20 以上 30 以下で、A が 2 以上となる a をすべて求めなさい。
(2) A がちょうど 2 となる a は (1) の答えに含まれていますが、この他にも 496 が知られています。次の式を参考に、A が 2 となる 4 桁の a を予想しなさい。そして、その予想した a の場合の b, A を求めて正しいことを確かめなさい。

 $496 \times 2 = 31 \times 2 \times 2 \times 2 \times 2 \times 2 = (32 - 1) \times 32$

(2012 駒場東邦中 表現改)

---

(1) は実際に調べていきます。先ほどの公式を使っても構いませんし、別に使わなくても構いません。数字自体がそれほど大きくないので、どちらでもあまり手間は変わらないでしょう。

a	20	21	22	23	24	25	26	27	28	29	30
b	42	32	36	24	60	31	42	40	56	30	72
A	$\dfrac{21}{10}$	$\dfrac{32}{21}$	$\dfrac{18}{11}$	$\dfrac{24}{23}$	$\dfrac{5}{2}$	$\dfrac{31}{25}$	$\dfrac{21}{13}$	$\dfrac{40}{27}$	2	$\dfrac{30}{29}$	$\dfrac{12}{5}$

要するに、b が a の2倍以上になっているところを探せばいいので、答えは、**20, 24, 28, 30** です。

調べていきながら、何か感じることはありましたか。たとえば、A は1より小さくなりませんね。b には a そのものも足されるので、当然 a より大きくなります。また、約数が多いときのほうが A は大きくなりそうです。他にも、偶数と奇数では、偶数のほうが A が大きくなっているような気がします（偶数なら、「a の半分」が足されますが、奇数ならそれより小さい数しか足されません）。そういった発見を楽しみながら、(1) を解いていけるといいでしょう。

さて、この問題の肝は (2) です。この「A がちょうど2になる数」を「**完全数**」といいます。約数の和がもとの数のちょうど2倍ということは、約数のうちもとの数以外のものの和がちょうどもとの数になる、ということです。表でいうと $28(=1+2+4+7+14)$ がそうですね。自分自身が生み出したものを集めてくると、もう一度自分自身を再構築できる数、というイメージです。こういった数がたくさんあるようならあまり面白くもないわけですが、そんなに頻繁には出てきません。28より小さい数では6が完全数ですが、28の次は問題で例示されている496まであります。

たまにしか出てこない数だといわれると、探してみたくなるのが人間の性でしょう。この完全数も、古くから多くの人々を虜にしてきたテーマです。そうした中でいくつか発見された事実のうちのひとつが、(2) で与えられているヒントの式です。

6 や 28 でも問題と同じような式をつくってみます。

$$6 \times 2 = 3 \times 2 \times 2 = (4 - 1) \times 4$$
$$28 \times 2 = 7 \times 2 \times 2 \times 2 = (8 - 1) \times 8$$

どうでしょう。共通点が見えてきましたか。そうですね、2 をかけて素因数分解をしたとき、(○ − 1) × ○ という形になっています。しかも、○ は、2 を何回かかけてできる数です。しかしここで、それなら、$(16 - 1) \times 16 \div 2 = 120$ も完全数だ！としてしまうと、実は間違いです。○ が $2^6 = 64$ のときの 2016 も、完全数ではありません。なかなか意地悪ですね。$(2^7 - 1) \times 2^7 \div 2 =$ **8128** は完全数なので、これを答えれば点数がもらえます。問題文に書いてあるとおり、b や A の値を確認することが大事、ということです。

これで問題は解けました。しかし、$2 \times a = (2^n - 1) \times 2^n$、つまり $a = (2^n - 1) \times 2^{n-1}$ の形の数の中でも、完全数になるものとならないものがあった、というのは少し引っかかるところです。それらはどこが違うのか、やはり気になるところでしょう。

完全数になるかどうかは、$2^n - 1$ が素数かどうか、で決まります。$4 - 1 = 3$ や $8 - 1 = 7$、$32 - 1 = 31$、$128 - 1 = 127$ は素数ですね。一方、$16 - 1 = 15$ や $64 - 1 = 63$ は素数ではありません。この部分が素数のときだけ、完全数になるのです。

$2^n - 1$ が素数のとき、a が完全数になることの証明は、それほど難しくありません。先ほどの、約数の和を求める公式を使います。$2^n - 1$ が素数なら、ここはこれ以上分解できないので、a を素因数分解した形は $a = (2^n - 1) \times 2^{n-1}$ です。よって約数の和は、

$$\{1 + (2^n - 1)\} \times (1 + 2 + \cdots + 2^{n-1}) = 2^n \times (2^n - 1)$$

となります。よくよく見ると、これは a をちょうど2倍した値になっていますね。つまり、a は完全数です（$1 + 2 + \cdots + 2^{n-1}$ が $2^n - 1$ になるところは、図のように理解するといいでしょう）。

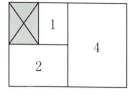

$1+2+4=8-1$

また、この形にならない偶数は完全数ではないことも、18世紀スイスのレオンハルト・オイラーによって、証明されています。証明はここでは省略しますが、理解するのがものすごく難しいというわけではないので、興味のある人はぜひ調べてみてください。

ちなみに $2^n - 1$ の形をした数のことを「**メルセンヌ数**」といいます。これも、素数を語るうえで重要なキーワードです。

完全数から拡がる未解決問題の海

完全数にまつわる謎も、未だ完全には解決されていません。奇数の完全数が存在するかどうかは、未解決問題の一つです。

その他にも「完全数」をマイナーチェンジした概念はいくつかあり、それぞれに未解決問題が存在します。

1つの数では完結せず、2つの数で完結している数の組を「**友愛数**」といいます。220と284などがそうです。220の約数のうち220を除いたものの和は284です。一方、284の約数のうち284を除いたものの和は220です。この友愛数が無限に存在するかも、まだわかっていません。同じように、3つ以上の組を「**社交数**」といいますが、これについても、「3つの組の社交数は存在するか」など、いくつかの未解決問題があります。

約数の和を求めてみる、という、一見何の役にも立たなそうな行為の向こうにも、謎に満ちた数学の世界が拡がっているのです。

割り切れない数の話
中国剰余定理

【問題】

ある整数 A を 6 で割った余りを (A)、7 で割った余りを {A} と表します。

このとき、(A)×{A} = 12 となる 2 桁の整数 A をすべて求めなさい。

(2009 神戸女学院中 一部小問略)

Hint!

一つひとつ調べていくのもいいでしょう。2桁の数はたった90個しかありません……とはさすがにいえませんね。まずは、(A) と {A} の組み合わせを考えましょう。(A) が 1、{A} が 12、ということはあるでしょうか。組み合わせの候補が絞れたら、そこからが今回のメインテーマです。

問題の意味がわからない人は、まず A に具体的な値を入れてみましょう。そこはちゃんと "やった" ほうがいいです。

解法

割り切れない数字の「余り」を考える

さて、ここまでは"割り切れるかどうか"をメインに話を進めてきました。ここからは、"割り切れなかったとき"の話をしたいと思います。ある数をある数で割ったとき、割り切れなければ"余り"がでます。その、余りについて考えていきます。

余りについての問題は、中学入試でもよく出てきます。今回の問題もその一つでしょう。余りを扱うときにまず注意しなければいけないのは、「余りは割る数より小さい」ということです。6で割った余りが12になることはありません。7で割った余りが7になることもありません。当たり前のことですが、問題を解いている途中で意外と忘れてしまうことでもあります。

今回、そこに注意しながら〔A〕と｛A｝の組み合わせの候補を考えると、(2と6)、(3と4)、(4と3) の3種類しかありませんね。ここまでは大丈夫でしょうか。

余りの条件から数をとらえる

ここからは、「6で割ると2余り、7で割ると6余る数」などがどういう数かを考える問題です。

最初は余りの条件が1つのときから考えてみましょう。たとえば「6で割ると2余る数」とはどういう数でしょうか。
まず最も小さい数から考えます。これは8、ではありません。正しくは2です。別に意地悪をしたつもりではなく、2÷6は「0余り2」ですよね、ということの確認です。

2の次に小さいのは8で大丈夫です。その次は14です。当たり

前の話ですが、6ずつ増えていますね。そして、これも当然ですが、2と8、8と14の間に、他の「6で割ると2余る数」はありません。

つまり、これらは6×□＋2と表すことができます。

複数の条件があるときは「最小公倍数」に注目する

それでは、余りの条件が2種類になるとどうでしょう。

今回の問題にあてはまる組み合わせではありませんが、2種の余りが同じなら、それほど難しくありません。たとえば「6で割っても7で割っても2余る数」を考えてみましょう。

一番小さい数は2ですね。2÷6も2÷7も、両方とも0余り2です。その次は何でしょうか。それぞれ順に書き出してみます。

6で割ると2余る数：②, 8, 14, 20, 26, 32, 38, ㊹, …
7で割ると2余る数：②, 9, 16, 23, 30, 37, ㊹, 51…

2の次は44でした。その次は、もう少し書いていくと86が見つかります。42ずつ増えていますね。つまり、「6で割っても7で割っても2余る数」は42×□＋2と表すことができます。

この「42」という数字がいったいどこからきたのか、やはり気になるところでしょう。「6で割っても7で割っても2余る数」をイメージでとらえると、こんな感じになります。

ここから余っている「2個」を取り除くと、6でも7でも割り切

れる数（6と7の公倍数）になっているはずですね。つまり、「42」という数字は、6と7の最小公倍数の42だったのです。

　余りが同じでなければ、どうすればいいでしょうか。今回の問題にあてはまる組み合わせの中で、一番考えやすいのは、実は「6で割ると3余り、7で割ると4余る数」です。
　このパターンは、確かに"余り"がバラバラです。しかし、"不足"に注目するとどうでしょう。「6で割ると3余る数」は「6で割ると3足りない数」、「7で割ると4余る数」は「7で割ると3足りない数」です。"足りない数"が一致していますね。ということは、3を足せば、6でも7でも割りきれる数になるはずです。
　一番小さい数は、最小公倍数の42から3を引いた39です。そこからはまた、42ずつ増えていきそうです。つまり、このパターンは42×□＋39と表すことができます。

　残り2つの組み合わせは、"余り"も"足りない数"もバラバラですね。これは大人しく、順に書き出していきましょう。まずは「6で割ると2余り、7で割ると6余る数」を考えます。

　6で割ると2余る数：2, 8, 14, ㉒, 26, …
　7で割ると6余る数：6, 13, ㉒, 27, 34, …

よって、最小の数は20です。その次の数は何でしょうか。今までの話の流れからすると、また42ずつ足していけばいいのだろう、と予想できるでしょう。しかし一方で、本当に42ずつ増えるのだろうか、と、少し引っかかる人もいるのではないでしょうか。実際に子供に解かせても、ここがピンと来ず、20の次はその2倍で40だ、といい出す子がたくさんいます。
　間に42個も数があるのだから、もう一つくらい「6で割ると2

余り、7で割ると6余る数」があってもいい、という気持ちもわからなくはありません。そんなときは、納得がいくまで書き出してみてください。20の次は62、62の次は104になっていませんか。

同様に、「6で割ると4余り、7で割ると3余る数」を探すと、最も小さいのは10です。これも42ずつ増えていきます。

ここまでの話をまとめたのが、以下の表です。

6で割った余り	7で割った余り	最小の数	答え
2	6	20	20、62
3	4	39	39、81
4	3	10	10、52、94

よって、10, 20, 39, 52, 62, 81, 94 の7つが答えでした。

中国の算術書に由来する問題

一般的に、AとBが互いに素なとき「Aで割った余りがx、Bで割った余りがyとなる数」は$A \times B$個ごとに必ず1つだけ存在します。今回の問題でいえば、余りがどんな組み合わせであっても、条件を満たす数が42ごとに必ず1つある、ということですね。これを「**中国剰余定理**」といいます。「**互いに素**」というのは、1以外に共通して割れる数がない、という意味です。たとえば、6と7は互いに素です。6と8はともに2で割れるので、互いに素ではありません。AとBが互いに素でないときは、条件を満たす数はAとBの最小公倍数ごとに1つ存在するか、余りの設定によってはそもそも存在しない場合もあります。割る数がA, B, C, …と3種類以上になっても、この定理は成り立ちます。定理の名前の由来は、今回のような問題が、3〜5世紀ごろに書かれたとされる、中国の『孫子算経』に掲載されているからです。ここでいう"孫子"

は、兵法で有名な"孫子"ではありません。また、件の"キジウサギ（つるかめ）算"が載っているのもこの『孫子算経』です。

　この定理の重要な主張は2つあります。それは、「1つ見つけたら、次は42進むまで出てこない」ということと、「余りがどんな組み合わせでも、42までに必ず1つ見つかる」ということです。

　前半の主張はそこまで難しくありません。たとえば、ある2つの数PとQがともに「6で割ると2余り、7で割ると6余る数」だったとします。そうすると、PもQも$6 \times \square + 2$と表せるので、その差は6の倍数のはずです。同様に、$P - Q$は7の倍数でもあるので、結局$P - Q$は42の倍数となります。つまり、条件を満たす数はちょうど42ずつ離れている、ということがいえます。

　また、後半については、次のように考えるといいでしょう。

　6で割った余りは0から5までの6種類、7で割った余りは0から6までの7種類しかありません。ということは、これらの組み合わせ方は、全部で$6 \times 7 = 42$種類だけです。一度使った組み合わせは42個進むまで使えないので、間をきちんと埋めていくには42種類全部1回ずつ使うしかありません。42人で42個の枠を埋めようと思ったら、全員出場しないといけない、ということですね。

6で割った余り ＼ 7で割った余り	0	1	2	3	4	5	6
0	42	36	30	24	18	12	6
1	7	1	37	31	25	19	13
2	14	8	2	38	32	26	20
3	21	15	9	3	39	33	27
4	28	22	16	10	4	40	34
5	35	29	23	17	11	5	41

過去の天才から未来への贈り物
オイラーのトーシェント関数

【問題】

$\dfrac{A}{42}$ と表される0より大きく1より小さい分数について、これ以上約分されないような分数になるときに、Aに入る整数は何個ありますか。

(2014 本郷中)

> **Hint!**
> 見た目は分数の問題ですが、本質的には整数の問題です。「$\dfrac{A}{42}$ と表される0より大きく1より小さい分数」という文章は、単純に「$\dfrac{1}{42}$ から $\dfrac{41}{42}$ までの中で」ととらえればいいでしょう。あとは、「約分できる」というのはつまりどういうことか、がポイントです。

第5章　偉大な数学者たちを魅了してきた整数

　分数が約分できる、とはどういうことでしょうか。「割れる」ということだから、分子が分母の約数になっているときだろう、と思う人もいるかもしれません。その考え方は少し惜しいです。確かに、分子が分母の約数（1以外）なら約分できます。しかしそれ以外にも、約分できる分数はあります。たとえば42の約数ではない10が分子のときでも、$\frac{10}{42}$を約分して$\frac{5}{21}$にできますね。

　分母と分子が同じ数で割れるのは、「共通の約数（1以外）を持っているとき」です。共通の約数を持つということは、共通の素因数を持っているはずです。逆にいうと、分母と分子が共通の素因数を持たない、つまり"互いに素"であるとき、その分数は約分できません。

　今回の問題で、分母の42が持っている素因数は、2と3と7です。よって、分子が2でも3でも7でも割れなければ、その分数は約分できません。ここからは本来、後の章（258ページ）にも出てくる「集合の重なり」を利用して解くのですが、今は全部書き出してしまいましょう。1から42までで、2でも3でも7でも割れない数を順に探すと、次のようになります。

①　2̸　3̸　4̸　⑤　6̸　7̸　8̸　9̸　1̸0̸　⑪　1̸2̸　⑬　1̸4̸
1̸5̸　1̸6̸　⑰　1̸8̸　⑲　2̸0̸　2̸1̸　2̸2̸　㉓　2̸4̸　㉕　2̸6̸　2̸7̸　2̸8̸
㉙　3̸0̸　㉛　3̸2̸　3̸3̸　3̸4̸　3̸5̸　3̸6̸　㊲　3̸8̸　3̸9̸　4̸0̸　㊶　4̸2̸

　以上、答えは○のついた **12個** です。

✏️ オイラーのφ(トーシェント)関数

今回の問題は、実は次のように解くこともできます。

$$42 \times \left(1 - \frac{1}{2}\right) \times \left(1 - \frac{1}{3}\right) \times \left(1 - \frac{1}{7}\right) = 12$$

先ほど求めた答えと一致していますね。どうしてこの計算で解けるのでしょうか。それを考えるカギは「中国剰余定理」の項で書いた表にあります。

42の素因数は3種類あって表にしづらいので、もとの数を「15」にしてもう一度考え直してみましょう。つまり、「1から15までの中に、15と互いに素な数は何個あるか」を考えます。

3で割った余り \ 5で割った余り	0	1	2	3	4
0	15	6	12	3	9
1	10	1	7	13	4
2	5	11	2	8	14

まずは、1から15までの数を、それぞれ3と5(15の素因数)で割った余りを表にしてみました。これをよく見てください。3でも5でも割り切れないのは、表の枠で囲んだ部分です。ここの個数は $15 \times \frac{2}{3} \times \frac{4}{5}$ ですね。先ほどの計算の意味、見えましたか。

先ほどの計算は、それぞれの数で割り切れる数が、全体に対してどれくらいの"割合"で入っているか、を考えていた、ということです。2, 3, 7の倍数は、それぞれ全体の $\frac{1}{2}$, $\frac{1}{3}$, $\frac{1}{7}$ あるでしょう。

それらを除けたのが"互いに素"なものの個数です。

一般に、$n = a^p \times b^q \times c^r \times \cdots$ と素因数分解できるとき、1からnまでの整数のうちでnと互いに素なものの個数$\varphi(n)$は、

$$\varphi(n) = n \times \left(1 - \frac{1}{a}\right) \times \left(1 - \frac{1}{b}\right) \times \left(1 - \frac{1}{c}\right) \times \cdots$$

で求めることができます。この個数は、nの値によって決まるので、nの関数ですね。この関数を「**オイラーのφ（トーシェント）関数**」といいます。オイラーの名前は、170ページにも出てきました。オイラーは、様々な分野で業績を残したまさに数学界のカリスマです。いろんなもので彼の名前を見ることができるでしょう。

200年後に役に立つ数学

"約分できない"数を数えて何が楽しいのか、と思った人もいるかもしれません。しかし、このオイラーのφ関数が現代の私達の生活を支える技術に役立っている、というと驚きますか。

私達はインターネットで買い物をするとき、クレジットカードの番号を入力しますね。この番号は、他の人に読み取られるとまずいので、もちろん暗号化して相手側に送られます。この"暗号"の技術に、φ関数が絡んでくるのです（詳細はここでは割愛しますので、興味のある人は「RSA暗号」で調べてみてください）。

オイラーが、このφ関数を利用した「オイラーの定理」を証明したのは、18世紀後半のことです。そのオイラーの定理を利用したRSA暗号が開発されたのは、当然20世紀の後半です。

Introductionで「数学の最先端の成果は、すぐには役に立たないこともある」といいましたが、その中には、200年の時を経てようやく役に立つ、というようなものもあるのです。

無限の世界を巻き取る算術
合同算術

【問題】

整数を 7 で割ったときの余りを考えます。また、割り切れる場合は余りは 0 とします。

(1) 7 で割ったときの余りが 6 である整数と、7 で割ったときの余りが 4 である整数の和を 7 で割ると余りは何ですか。

(2) 7 で割ったときの余りが 5 である整数と、7 で割ったときの余りが 3 である整数の積を 7 で割ると余りは何ですか。

(2013 報徳学園中 一部小問略)

> Hint!
>
> カンの鋭い方は、なんとなく答えがわかるかもしれません。
> これも、具体的に数字を考えてみるのがいいでしょう。例えば適当に、7 で割ると 6 余る数として 13、7 で割ると 4 余る数として 11 を考えます。この和の 24 は、7 で割るといくら余りますか。

余りにのみ注目して計算する「合同算術」

この章の最初に、「すべての整数を偶数・奇数に分類すると、足し算や引き算はそれぞれたったの4種類しかなくなる」という話をしたのを覚えていますか。その話の延長にあるのが、今回の問題です。偶数・奇数は、2で割った余りによる分類、ともいえますが、割る数を他の数（今回は7）にするとどうなるのでしょうか。

まずは具体的に数をあてはめて計算してみます。たとえば、7で割って6余る数として13、4余る数として11を考えます。和の24を7で割った余りは3なので（1）の答えは**3**です。同様に、5余る数として12、3余る数として10を考えると、積の120は7で割ると1余るので、（2）の答えは**1**となります。

ひとまず答えは以上です。騙されたように感じる人は、納得がいくまで様々な数で試してみてください。本当にそれでいいの？と思うことも大事ですが、それ以上に大事なのは、納得がいくまでやってみることです。やってみて本当にそうなることはわかったけど、やっぱり腑に落ちなくて気持ち悪い、という人もいるかもしれません。そんなときはイメージをとらえます。（1）だとこんな感じです。

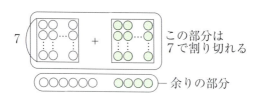

白の部分が「7で割ると6余る数」、緑の部分が「7で割ると4余る数」です。7個ずつセットになっているところからは余りが出ませんね。余りが出るのは「6 + 4」の部分からです。結局のところ、

余りの数だけ注目して計算すればいい、といえます。

（2）のイメージは四角形の面積のように見るのがいいでしょう。46ページの面積図に似ていますね。たてが「7で割ると5余る数」、横が「7で割ると3余る数」です。Aの部分が7で割り切れるのはいうまでありませんし、BやCの部分からも余りは出ません。やはり余りが出るのは右下のDの部分、つまり「5×3」の部分からだけです。こちらも結局、"余り"だけで計算すればいい、ということです。"余り"が同じなら、どんな数で計算しても結果が同じなので、適当に決めた数でもちゃんと正解になるのです。

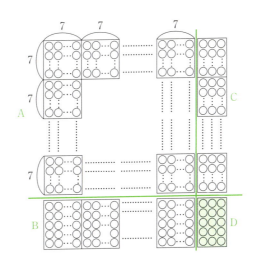

足し算や掛け算のとき、答えをある数（Nとします）で割った余りは、もとの数をNで割った余りを計算するだけで求められます。この、余りにのみ注目して計算する手法を、「**合同算術（モジュラ計算）**」といいます。時計の文字盤のような図を使って説明されることも多く、"時計算術"と呼ばれることもあります（そもそも実際の時計も、60で割った余りを考えているので、ある意味では"合同算術"です）。

（1）の計算

「余り6」から
「4つ」進む

　足し算や掛け算以外でも"合同算術"は利用できるのでしょうか。引き算は可能ですね。"イメージ"としては、足し算のときと同じです。ただし、少し工夫は必要でしょう。7で割ると3余る数から、6余る数をそのまま引くことはできないからです。こういうときは「7で割ると3余る数」を「7で割ると10余る数」と考えます。7個のセットを1つ崩してあげるのです。割り算では、合同算術は基本的に使えません。そもそも割り切れないときもありますね。

無限の世界を有限の型に分類する

　合同算術の起源は18世紀ドイツの天才数学者、カール・フリードリヒ・ガウスにあります。もちろんガウスは、単に面白そうだから、というだけで、特殊な計算方法を考えたわけではありません。この合同算術は、数学の世界を攻略する強力な武器にもなるのです。

> 【問題】
> 　7と8をいくつか足していろいろな整数をつくります。ただし、7だけを足しても、8だけを足してもかまいません。
> 　たとえば、
> 7＋7＝14　7＋8＝15　8＋8＝16　7＋7＋8＝22
> などをつくることができます。
> 　このとき、7と8をどのように足してもつくることができない整数のなかで、もっとも大きい整数を答えなさい。
>
> （2013 渋谷教育学園幕張中 一部小問略）

くどいようですが、まずは"やって"みてください。実際に、省略した（1）も"やって"みる問題でした。もとの問題では20〜30での"つくれない数"を聞かれていましたが、せっかくなので1〜30くらいまでで"つくれない数"をすべて探してみてください。

調べてみましたか。何か気づきましたか。1から順に調べていくと、"つくれない数"は、1〜6、9〜13、17〜20、25〜27、…です。"つくれないエリア"が一つずつ減っていっていますね。いずれはつくれない数がなくなりそうです。"つくれないエリア"の最初の数は8ずつ増えているので、その後は33〜34、41でおしまいです。よって、つくれない最大の整数は **41** となります。

つくれる数のほうに注目する方法もあります。7〜8、14〜16、21〜24と、こちらは徐々に範囲が広がってきます。よく見ると、7×□〜8×□（□は同じ数）という形になっていますね。実際に"やって"いけばすぐわかると思いますが、7×□をつくったあと、使った7を一つずつ8に変えていくと、合計を1ずつ増やすことができます。すべて8になると8×□になるので、その"つくれるエリア"はそこで終わります。24の次は28〜32, 35〜40ですが、その次の42〜48とさらにその次の49〜56のところで範囲がつながり、それ以降"つくれない数"は出てこなくなります。よって、一つだけ空いた41がやはり"つくれない最大の数"になります。

さて、答えはこれでいいでしょう。しかし、本当にそうなるのか、気になりますね。特に、42以上の数は本当にすべて"つくれる数"なのか、まだ納得いかない人もいるでしょう。確かに"つくれないエリア"は一旦消えますが、どこかで復活しない保証はありません。"つくれるエリア"が重なったとはいっても、重なりすぎてまた反対側から空いてくるかもしれません。しかし本当にそれ以上"つくれない数"がないかどうかを確認するために、すべての整数を順に調べていくことはできません。整数は無限にあるからです。

第5章 偉大な数学者たちを魅了してきた整数

そんなときに役立つのが、合同算術の考え方です。今回も7で割った余りに注目します。すべての整数は、7で割った余りによって7つのグループに分類されます。このとき、グループ内の1つの数が"つくれる数"なら、同じグループのそれより大きな数は、その数に7を足していけばつくれますね。たとえば、8は"つくれる数"なので、それ以降の「余り1」のグループ、15、22、…はすべてつくれます。あとは、それぞれのグループで一番小さい"つくれる数"は何か、を考えていけばいいでしょう。7を足しても同じグループの数しかつくれませんが、8を足すと"隣のグループ"の数をつくれるようになります。最初からつくれる「余り0」のグループを除くと、一番小さい"つくれる数"は「余り1」のグループの「8」です。そこから順に8を足して隣のグループの数をつくれるようにしていくと、最後につくれるようになるのは「余り6」の数で、そのときつくれるのは48です。つまり、「余り6」の数は48の前の41まではつくれない、ということになり、これが答えです。

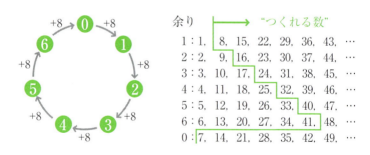

　"すべての整数"についての性質を知りたいとき、その無限の数をすべて個別に調べていくわけにはいきません。しかし、合同算術を使うことで、無限の世界を有限の型に落としこむことができます。この無限を巻き取る力こそ、合同算術の真骨頂だといえるでしょう。

数も見た目が9割くらい
倍数判定法・九去法

【問題】

3桁の数で、百の位の数字が十の位の数字より大きく、十の位の数字が一の位の数字より大きい数を考えます。

このような数で4の倍数はいくつありますか。

(2004 洛星中 一部小問略)

第5章 偉大な数学者たちを魅了してきた整数

Hint!

この問題のポイントは、前半のなんだか面倒な条件ではなく、「4の倍数にはどういう特徴があるのか」というところです。ある数が他の数で割れるかどうかを考えるとき、わざわざ割らなくても"見た目"で判断できるときがあります。例えば、2で割れる数、というのは1の位だけ見てみればわかりますね。それでは、4の倍数はどうでしょうか。

解法

数字の見た目から"何で割れるか"を見抜く

この章は「数学はたとえ実生活に直接役に立たなくても面白いんだよ！」というコンセプトで書いています。しかし今回は、少し"役に立つ"話もしてみたいと思います。

素因数分解のところで、「素因数に注目すれば計算ミスに気づける」という話をしました。そのとき、「何で割れるかがすぐにわからなかったら意味がないのでは」と思った人もいるでしょう。そこで、数の見た目から"何で割れるか"を見抜く方法を考えてみます。

とはいえこれは、そんなに難しい話ではありません。ある数を見たとき、それが2で割れるかどうか、すぐわかりますか。これはむしろ、わからない人のほうが珍しいでしょう。そうです、1の位の数が0, 2, 4, 6, 8のどれかであれば、2で割り切れる数です。他にも、1の位だけで割れるかどうかが判断できる数がありますね。「10の倍数」というのも正解ですが、それよりもまず「5の倍数」です。1の位が0か5なら5で割れます。

さてそれでは、なぜ2や5の倍数は1の位だけで判断できるのでしょうか。「1の位だけを見る」ということは、「10の位以上の数と1の位の数を切り離して見る」ということです。たとえば3456なら、

$3456 = \underline{3450} + 6$

と見ているのです。10の位以上の数字（下線部）からは、2や5で割っても余りが出てきません。ということは、1の位の数を2や5で割った余りが、全体を2や5で割った余りになります（つまり、1の位が2や5で割り切れれば、全体としても2や5で割り切れる、ということができます）。合同算術の考え方ですね。

「4の倍数」は下2桁の「見た目」から見抜く

同様に、2や5以外の倍数も見ていきましょう。まずは問題にもなっている「4の倍数」です。4の倍数は、1の位を見るだけでは判断できません。なぜなら、先ほどのように、3456 = 3450 + 6 というふうに分けてみても、下線部が4で割り切れるとは限らないからです。そこで今度は、下から2桁に注目します。

3456 = 3400 + 56

こうすると、百の位以上の部分は必ず4で割れますね。百の位以上の部分は、□× 100 とすることができます。100 は4で割り切れるので、□× 100 も4で割れます。つまり、下2桁を4で割った余りが0であれば4の倍数である、ということができます。

ここで今回の問題を解いておきます。4の倍数かどうかは下2桁だけを考えればいいので、まずは「十の位の数字が一の位の数字より大きい2桁の4の倍数」を調べていきましょう。これは、20, 32, 40, 52, 60, 64, 72, 76, 80, 84, 92, 96 です。ここに十の位の数より大きい百の位の数をくっつけていき、320, 420, 520, 620, 720, 820, 920, 432, 532, 632, 732, 832, 932, 540, 640, 740, 840, 940, 652, 752, 852, 952, 760, 860, 960, 764, 864, 964, 872, 972, 876, 976, 980, 984 の **34** 個が答えとなります。

ちなみに「8の倍数」も同じように考えられます。100 は8では割れませんが、1000 なら8で割り切れます。千の位以上の部分を切り離し、下3桁に注目すればいいでしょう。3456 = 3000 + 456 とすれば、下線部が8で割れます。とはいえ、もとの数の桁数が少なければ、結局は割ったほうが速いかもしれません。

各位の和が「3の倍数」なら3で割り切れる

【問題】
　4枚のカード4，5，6，7から1枚ずつ3枚のカードを取り出します。取り出した順に左から並べて3桁の整数をつくります。
　この方法でつくった3桁の整数が、3の倍数になるのは何通りありますか。

(2011 横浜共立学園中 一部小問略・表現改)

　カードの並べ方は24通りしかないので、"やって"いけばいずれ答えにたどりつけるでしょう。しかしここはせっかくなので、3の倍数の見分け方を考えてみます。

　3の倍数も、下から何桁か見ればわかるのでしょうか。残念ながらそういうわけにはいきません。10も100も1000も、それよりもっと位をあげても、3で割れるようにはならないからです。

　3の倍数を見分けるとき、注目するのは「各位の和」です。例えば、3456の各位の和は、3 + 4 + 5 + 6 = 18ですね。これが3で割れるので3456は3の倍数です。4567なら4 + 5 + 6 + 7 = 22となり、これは3で割れません。

　なぜそうなるかの説明は少し後回しにして、まずこれを利用して問題を解いてしまいます。各位の和だけで3の倍数かどうかがわかる、ということは、使われている順番には関係ない、ということです。3456が3の倍数なら、数字を並べ替えた4635も3の倍数です。4567が3の倍数でなければ、5476も3の倍数ではありません。

　そこで、使う数字を先に決めてしまいましょう。4，5，6，7から3つを選んで和が3の倍数になるのは、(4, 5, 6)のときと(5, 6, 7)のときだけです。数字の並べ方は、1組につきそれぞれ6通りずつあるので、全部で**12通り**の3の倍数がつくれます。

各位の数字の和を見るとき、数字を次のようにとらえています。たとえば243を考えましょう。126ページでやったように、243は

$$243 = 200 + 40 + 3 = 2 \times 100 + 4 \times 10 + 3 \times 1$$

と表すことができます。これを次のように変形します。

$$243 = 2 \times (1 + 99) + 4 \times (1 + 9) + 3 \times 1$$
$$= \underline{2 \times 99 + 4 \times 9} + 2 + 4 + 3$$

すると下線部は3で割れます。残りの緑の部分（各位の和）が3で割れれば、もとの数も3で割れますね。図にしてみましょう。

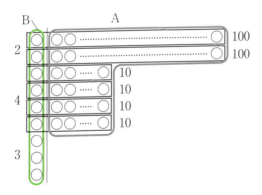

Aの部分は99や9の塊ばかりなので、3で割っても余りが出ません。つまり、3で割れるかどうかを決めるのは、Bの部分です。

この図を見れば、9の倍数も同じように考えられそうですね。99や9は、9でも割り切れるので、「各位の数字の和」が9で割れれば、その数字は9の倍数といえます。

余りを使って計算ミスを防ぐ方法

　今まで見てきた倍数の判定方法の核は、合同算術でした。つまり、「割れるかどうか」だけでなく"余り"も見ることができるはずです。"余り"に直接注目すると、次のようなこともできます。9で割った余りで計算ミスをチェックする方法、「**九去法**」です。

374 × 439 = 164286

　たとえば、この計算は正しいでしょうか。電卓を使えば正しいかどうかはすぐわかりますが、手元には電卓がないものとします。そんなとき、「9で割った余り」に注目するといいのです。
　「9で割った余り」は「各位の数字の和を9で割った余り」です。374を9で割った余りは、3 + 7 + 4 = 14を9で割った余り、5になります。439を9で割った余りも同様に考えて、こちらは7ですね。よって、これらをかけた答えを9で割った余りは、5 × 7 = 35を9で割った余りの8になるはずです。しかし、164286を9で割ると、各位の数字の和は1 + 6 + 4 + 2 + 8 + 6 = 27なので、余りは0になってしまいます。つまり、この計算は間違っている、といえるでしょう。
　これは合同算術なので、掛け算だけでなく、足し算や引き算にも使えます。割る数は9でないといけないのか、といわれると、別に他の数でもかまいません。とはいえ、たとえば2で割った余りは0か1かしかないので、計算ミスをしていてもたまたま余りがあってしまう可能性が低くありません。9で割った余りは0から8までの9種類あるので、偶然一致する確率は低いだろう、という話です。（もちろん、その可能性がゼロというわけではないので、9で割った余りが一致しているからといって、計算が正しいといえるわけではありません。ズレていたら間違っている、ということだけです。）

無限の砂浜できれいな貝殻を探す
ディオファントス方程式

第5章　偉大な数学者たちを魅了してきた整数

【問題】

1個66円のかきと1個35円のみかんを合わせて3890円分買いました。このとき、かきは何個、みかんは何個買ったでしょう。

(2008 灘中 一部表現改)

Hint!

かきが1つだったら残りの値段がちょうど35円で割り切れるか、2個だったらどうか、…と順にやっていく方法がありますね。とても面倒なので、どうにか工夫をしたいところです。かきが1個や2個では明らかに無理なのですが、それはなぜか、ということに気づけば、少しは楽になるかもしれません。

　長らくお付き合いいただいたこの"整数"の話ですが、最後にもう一つだけ、古くから人々の心を魅了してきた面白いテーマを紹介して終わりにしましょう。

　今回の問題を見てください。これを方程式で表すと、

$66 \times x + 35 \times y = 3890$

となります（かきの個数がx、みかんの個数がyです）。普通の方程式として見ると、これだけでは答えを絞り込めません。しかしそれでもこの問題を解くことができるのは、もう一つ隠された条件があるからです。そうです、「かきの個数」や「みかんの個数」（つまりxやy）は"（0以上の）整数である"という条件です。解いていくためのアプローチはいくつかありますが、いずれにせよ、答えが"整数"であることをうまく活かす必要があるでしょう。

　まず一番原始的なアプローチは、あてはめていく方法ですね。限られた区間にある整数の個数は有限です。$66 \times x$は3890より小さいはずなので、xは58以下に絞られます。1から58まで順に入れて計算すれば、そのうちのどれかが答えです。
　もう少し候補を減らしたければ、それぞれの約数に注目しましょう。35や3890が5で割り切れるということは、$66 \times x$も5で割り切れないといけません。66は5で割り切れないので、xは5の倍数とわかります。
　さらに合同算術も使ってみましょうか。今度は7で割った余りを考えます。66を7で割った余りは3です。xを7で割った余りをx'

とすると、$66 \times x$ を7で割った余りは $3 \times x'$ を7で割った余りと同じです。$35 \times y$ を7で割った余りは0、3890を7で割った余りが5なので、$3 \times x'$ を7で割った余りは5にならなければなりません。x' が1のとき $3 \times x'$ の余りは3、2のとき余り6、3のとき余り2、4のとき余り5です。つまり、x を7で割った余りは4です。

7で割った余り
$$66 \times x + 35 \times y = 3890$$
$$3 \times x' + \quad 0 \quad \rightarrow \quad 5$$

ここまで来たら答えまでもう少しですね。x は「5の倍数かつ7で割った余りが4」というところまでわかっています。そのような数の候補を順に探していくと、**25** がすぐに見つかります。x が25だとすると、y はちょうど **64** となるので、これが答えです。

いかがでしょう。あらゆる知恵を駆使して正解を絞り込んでいくこの感じ、なんだかわくわくしませんか。

いろいろなネタがつまった「ピタゴラス方程式」

人類は方程式という概念を獲得して以降、たくさんの研究を積み重ねてきました。もちろん、様々な方程式をそれぞれ解いていくための発想も積み上げてきましたが、それと並行して、方程式の"きれいな"解を見つけることにもエネルギーをつぎ込んできました。

たとえば、次の式を見てください。

$a \times a + b \times b = c \times c$

図形の分野でも重要な意味を持つ式なので、また後ほど改めて紹

介しますが、この式は「**ピタゴラス方程式**」と呼ばれるものです。

これに当てはまる整数 a, b, c の組み合わせには、どういうものがあるでしょうか。具体的に組み合わせを見つけるのは、そう難しくありません。いろいろとあてはめて、実際に探してみてください。一番簡単なものだと、(3, 4, 5) という組み合わせがありますね。他にも、(5, 12, 13) や (8, 15, 17) などがあります。そうすると、ここで気になってくるのは、「こういった数の組み合わせは無限に存在するのか」ということでしょう。

結論からいえば、これは無限に存在します。もちろん (3, 4, 5) がこの式に当てはまるなら、それを全体的に2倍した (6, 8, 10) もOKです。その意味では、無限に存在するのも当然といえば当然ですが、それだけではありません。そういった「他の組み合わせを全体的に何倍かしたもの」を除いても、まだ無限に条件を満たす組み合わせが存在するのです。

この数の組み合わせの特徴もいろいろ研究してみましょう。たとえば、「a か b のうちのどちらか片方は3の倍数」になります。

すべての整数は、3で割った余りを考えて、「割り切れる数」「1余る数」「2余る数」の3種類に分類できます。ここで、それぞれの種類の数を2回かけたときの、3で割った余りを考えてみてください。もとの数 a に対して、$a \times a$ を3で割った余りを考えるのです。a が3で割り切れるとき、当然 $a \times a$ も3で割り切れます。a の余りが1なら、$a \times a$ の余りは 1×1 で1です。a の余りが2のときは、$a \times a$ の余りは $2 \times 2 = 4$ から1となりますね。

つまり、$a \times a$ を3で割ると「割り切れる」か「1余る」のどちらかにしかならないわけです。そうすると、先ほどの式で、a も b も3で割り切れない場合、$a \times a$ も

3で割った余り

a	$a \times a$
0	0
1	1
2	1(4)

$b \times b$ も3で割った余りは1になるはずです。このとき $c \times c$ を3で割った余りは2になりますが、そういう数はありませんでしたね。よって、a か b か、どちらかは3の倍数にする必要があります。

式の形を決めただけでそんなことが決まってしまう、というのも、なかなか面白いと思いませんか。

同じように考えると、「a, b, c のうちのいずれかは5の倍数」ということもできます。少し工夫が必要ですが、「a と b のうちどちらかは4の倍数」ということもできます。興味のある人はぜひ挑戦してみてください（4の方は、4で割った余りを考えてもうまくいきません。"他の何かの数"で割った余りを考えるとうまくいくでしょう）。

"きれいな解"を探すのは面白い

2回ずつかけて足した式についていろいろと知っていくと、今度はかける数を3回以上にする（たとえば、3回だと $a^3 + b^3 = c^3$）とどうなるのだろうか、と気になってきますね。

3回以上かけたものを足した式を研究したことで有名なのは、17世紀フランスのピエール・ド・フェルマーです。フェルマーは、

$$a^n + b^n = c^n$$

の n が3以上のとき、a, b, c が（1以上の）整数になる組み合わせは存在しないだろう、という結論を出しました。$n = 2$ のとき、この式は先ほどのピタゴラス方程式です。このときは、整数 a, b, c の組み合わせが無限に存在しました。しかし、n を3以上にすると、突然あてはまる組み合わせが出てこなくなるのです。

もちろん数学では、「探してみたけどなかなか見つからないから存在しない」というロジックは通用しません。"予想"が"定理"

になるためには、やはり「証明」が必要です。フェルマー自身はきちんと証明したつもりだったようですが、なんとその証明を書き残していなかったのです。

これがいわゆる「フェルマーの最終予想（現在は「最終定理」）」です。第1章で少し触れましたね。そこでも述べたとおり、最終的にこれが正しいと証明されるまで、実に300年以上もの年月と、多くの数学者たちの熱意が必要になりました。

ピタゴラス方程式やフェルマーの数式を始め、方程式の"きれいな解"について考えるとき、それらの方程式を総称して、「**ディオファントス方程式**」といいます。「ディオファントス」は、3世紀古代ギリシャの数学者の名前であり、彼もまた"きれいな解"を研究した一人です。そんなはるか昔から、人類は"きれいな解"を探し求めてきた、ということでしょう。人類の持つ、きれいなもの、特別なものへのあこがれは、時代を越える普遍的な欲求といえるかもしれません。

※　※　※　※

確かに数学には、現実的な諸問題を解決する手段として発展してきた面もあります。しかし、それだけではここまで高度に発展していくことはなかったかもしれません。人類は、整数という概念と出会い、その向こうに拡がる無限の世界を見つけました。未知の世界があれば探検したくなる、その好奇心こそ、数学を発展させてきた原動力といえるでしょう。

第6章 図形の問題とその向こうに見える"数学の原型"

Introduction

数学は始めから難しかった？

　本章のテーマは「図形」です。この「図形」も、整数と並び、紀元前の昔から数学的な対象として人類の興味を惹いてきた題材でしょう。しかしもちろん、現在のように高度な数学的概念・技術が、そういった時代からきちんと整備されていたわけではありません。先人たちは、素朴な直感を頼りに、様々なことを発見したり、すばらしいアイディアを多数生み出したりしてきました。

　私たちが現在学ぶ"数学"は、確かに複雑で難解です。三角関数や積分という単語を聞くと、拒絶反応が出てしまう人もいるでしょう。しかしそれらは、最初から今のような形をしていたわけではありません。その端初になったイメージは、先人たちの"ちょっとしたひらめき"です。

　本章では、その"数学の原型"に触れていきます。難しい概念をイメージでとらえ、深い理解へと進んでいくための基盤をつくってもらえるとうれしいです。

長さと角度を"対応づける"道具
三角関数の入り口

【問題】

図のように、直角二等辺三角形 ABC の直角の頂点 A を通って、BC に平行な線をひきました。この平行線上に BC と BD の長さが等しくなるように点 D をとり、点 B と点 D を結ぶとき、角⑦の大きさを求めなさい。

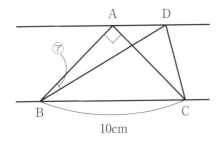

(2014 立命館中)

> Hint!
>
> AとDから、それぞれBCに向かって垂線を引いてみてください(それぞれの直線とBCとの交点をH, Iとします)。三角形ABHや三角形DBIは、どういう三角形になっているでしょう。

解法

「長さの情報」から「角度の情報」を引き出す

　今回の問題は慣れていないと、少し難しいかもしれません。〈ヒント〉に書いた通り、この問題を解くためのカギは2本の平行線の距離です。角度を聞かれているのに長さを考えるの？と思う人もいるでしょう。しかし、そこがこの問題の重要なポイントです。

　図1のように、点A, DからBCに垂直な線AH, DIを引きます。そうすると、AHの長さとDIの長さは、ともに「上下2本の平行線の距離」ですね。この長さが何cmか、をまず考えましょう。

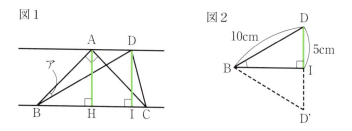

　三角形ABHに注目してください。三角形ABCが直角二等辺三角形なので、角ABHは45°です。よって角BAHも45°となり、三角形ABHも直角二等辺三角形となっていることが分かります。BHの長さはBCの半分で5cmなので、AHの長さも5cmです。
　次に、三角形BDIに注目します。DIはAHと同じなので5cmです。BDはBCと同じなので10cmです。さて、この三角形、どこかで見たことがありませんか。

　図2のように、この三角形と同じ形をもう一つくっつけてみます。そうすると、BD'はもちろん10cmです。DD'を見てみると、これも10cmですね。三角形BDD'は、正三角形になっているのです。

つまり、三角形BDIは、正三角形を半分にした形（三角定規の細長い方の形）だということができます。

よって角DBIは30°とわかり、答えは45° − 30° = **15°**です。

最初は長さの情報ばかり追いかけていたはずが、いつの間にか角度の情報を手に入れてしまいました。この、長さの情報から角度の情報を引き出すアイディアは、数学のある概念の基盤となっています。何だと思いますか。

「角度の情報」から「長さの情報」を引き出す

【問題】
　右図の四角形ABCDの面積はいくらですか。ただし、点Aは半径2cmの円の中心で、B、C、Dはこの円の周上にあります。

（2002 東大寺学園中）

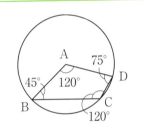

今度は逆に、角度の情報から長さの情報を読み取る問題です。

今回求めるのは四角形の面積ですが、これは「たて×横」では求められそうにありません。台形やひし形でもないので、それらの"公式"も使えなさそうです。

そんなときに役立つのは、「分割して考える」方法でしょう。面積の出せる形を足したり引いたりして、間接的に求めます。

直線ACで図形を2つに分けます。三角形ABCのほうはABとACが等しいので、角ABCが45°なら角ACBも45°です。これは直角二等辺三角形ですね。直角二等辺三角形は面積が求められる形です。AB × AC ÷ 2 = 2 × 2 ÷ 2 = 2cm²です。

三角形ACDのほうはどうでしょう。角BACが90°だったので、

角 CAD は 30°です。AC と AD は円の半径なので 2cm ですね。AC を底辺として見て、高さ DH がわかれば面積が求まりそうです。

さてここで、三角形 ADH に見覚えがありませんか。そうですね、先ほど出てきた、「正三角形の半分」です。つまり、DH は AD の半分で 1cm となり、三角形 ADC は 2 × 1 ÷ 2 = 1㎠とわかります。

三角形 ABC と合わせて、**3㎠**が答えです。

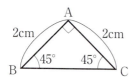
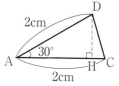

長さと角度に"関数"がある

図のような直角三角形 ABC があったとき、角アの大きさが 30°なら AB の長さは AC の長さの 2 倍です。逆に、AB の長さが AC の長さの 2 倍であれば角アの大きさは 30°とわかります。

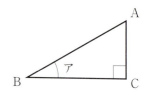

30°の三角形に限らず、直角三角形は、直角以外の角度のうちの 1 つがわかると辺の長さの比がわかり、辺の長さの比がわかると角度がわかります。つまり、「角度」と「辺の長さの比」が"関数"になっている、ということです。この"関数"こそが、いわゆる**「三角関数」**です。そうです、あの sin（サイン）、cos（コサイン）、tan（タンジェント）というやつです。

「三角関数」というと、一部の人にとっては"意味のわからないもの"の代名詞となっているかもしれません。聞きなれないカタカナに振り回された、苦い記憶のある人も多いでしょう。

しかし、三角関数の根本的な意味は、「角度を決めると辺の長さの比が決まるよ」というだけのことです。三角形の辺のうち、2つの辺を選んでくる方法は1通りではありません。だから、「どことどこの辺の比を見ているか」を示す名前がそれぞれ"サイン"や"コサイン"、"タンジェント"とついているだけなのです。

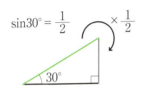
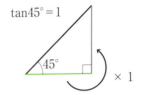

そして三角関数は発展する

三角関数は、もともと測量に使われてきた概念です。右図を見てください。木の高さは3mとわかりますね。木までの距離と見上げる角度を測れば、いちいち木に登らなくても木の高さが計算できる、ということです。

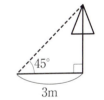

三角関数を使えば、"手の届かないもの"の大きさを測ることもできるのです。

実際の測量に使うためには、30°や45°以外のときでも、何度のときに辺の比がいくらか、すぐにわかる必要があるでしょう。昔の人は、それらをまとめた表をつくりました（以下はその一部です）。

	sin	cos	tan
15°	0.258819…	0.965925…	0.267949…
30°	0.5	0.866025…	0.577350…
45°	0.707106…	0.707106…	1
60°	0.866025…	0.5	1.732051…
75°	0.965925…	0.258819…	3.732051…

第6章 図形の問題とその向こうに見える"数学の原型"

この表をつくるにあたり、なるべく正確な数字で埋めていきたい、と思うのが自然な発想です。しかし見ての通り、キリのいい数字ばかりではありません。実測して得られた数値を使ってしまうと、正確な値かどうか、かなり不安になってしまいますよね。そうすると、計算で求めることはできないか、と考えたくなってきます。

　たとえば30°と45°の値を利用して、75°（= 30 + 45）や15°（= 45 − 30）の値が求められると便利です。しかしどうやら、そのまま足したり引いたりすればいいわけではないようです。

　そこで、「実際にどういう関係になっているのか」を調べていって発見したのが、「**加法定理**」です。

　15°刻みでは使いづらいので、そのうちもっと細かい角度も計算したくなるでしょう。加法定理を上手く使って「角を2倍にしたら値がどうなるか（**2倍角の公式**）」がわかれば、それを逆に使って「角を半分にしたら値がどうなるか（**半角の公式**）」もわかります。2倍・半分だけでなく、3倍・3等分、4倍・4等分……と計算していくことができるようになれば、15°を3等分して5°刻み、さらにそれを5等分して1°刻みの表をつくることができますね。

　三角関数の表の値が埋まってくると、今度は直角三角形だけでなく、一般的な三角形にも使ってみたくなってきます。そこで発見されたのが「**正弦定理**」や「**余弦定理**」です。直角三角形を扱うだけなら角度は0°から90°までの間だけですが、一般的な三角形には90°を超える角度も出てきます。そうすると、今まで発見した性質を損なわないように、新しく定義を拡張していかなければいけません。90°から180°に拡張できたなら、次は180°以上の角度や負の角度にも拡張していきたくなってきます。

　そういった流れを経た末に、現在の"難しい三角関数"があるのです。

直角三角形から拡がる世界
ピタゴラスの定理

【問題】

図は、点Oを中心とする中心角が90°で、半径の長さが異なるおうぎ形を重ねてかいたものです。おうぎ形㋐と色のついた部分㋑の面積が等しくなるような点Bを、コンパスと定規を用いてかきなさい。

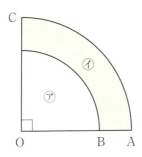

(2012 渋谷教育学園幕張中 表現改)

> Hint!
>
> ㋐と㋑の面積が等しくなるということは、大きいほうの扇形の面積(㋐+㋑)が小さいほうの扇形の面積(㋐)のちょうど2倍になるということです。だからといって、BはOAの真ん中だ、としてしまうのは間違いです。BがOAの真ん中だとすると、㋐+㋑は㋐の4倍になってしまいます。

解法

「有理数」の外にも数の世界がある

　中学入試の算数と中学以降の数学は、本質的には同じです。しかしだからといって、中学校で勉強するものをすべて受験勉強で学習してしまうわけではありません。中学の数学で頻繁に登場するものの中にも、中学入試にはまだ登場しないものがあります。

　そのうちの一つは、平方根、すなわち$\sqrt{}$（ルート）でしょう。同じ数を2回かけてその計算結果が2になるとき、その数を$\sqrt{2}$と表しますね。あれは、中学入試には出てきません。

　119ページで書いたように、小学校後半で数の世界は有理数まで拡張され、一つの閉じた世界が完成します。しかし$\sqrt{}$の数はそこには含まれていません。それらを扱うには、「**無理数**」を含んだ「**実数**」の世界へと、もう一段階拡張していく必要があります。

　数の世界を拡張していくのは、とても難しい作業です。小学6年生の子どもたちにとって、整数の世界から有理数の世界へ拡張していくのでさえ、なかなか険しいハードルでしょう。そこからさらにもう一段の拡張、というのは、さすがに有名進学校の先生方も求めてはいないようです。

　しかし、数の世界を拡張しておくことは求めていなくても、「そういった数の世界がある」ことそのものは、知っておいてほしいと思っているようです。そんな思いが見えるのが、今回の問題です。

　今回の問題で点Bはどこにとればいいのでしょうか。㋐と㋑の面積が等しいとき、外側の扇形は内側の扇形のちょうど2倍になります。それならBはOAの真ん中にして、外の扇型の半径が内側の扇形の半径の2倍になるようにすればいいのでは、と思うかもしれません。しかしちょっと待ってください。実際に具体的な数値を

入れてみればわかりますが、それでは面積が2倍になりません。

この扇形の面積の求め方は、「半径×半径×円周率÷4」です。たとえばOBを2、OAを4とすると、小さい扇形は「1×円周率」、大きい扇形は「4×円周率」です。半径を2回かけるので、半径を2倍にすると、面積は2倍×2倍の4倍になってしまうのです。

面積をちょうど2倍にするためには、半径を「2回かけると2になる数」倍にする必要があります。これはつまり、$\sqrt{2}$倍のことですね。ここでこっそり$\sqrt{2}$が顔を出しました。

「$\sqrt{2}$」とはどういう長さか？

ひとまず、どういう「点B」を描けばいいかはわかりました。つまり、OA：OB=$\sqrt{2}$：1になるような点B」を描けばいいですね。しかし、いざその点Bを描こうと思ったとき、それがなかなか難しいことだと気づきますか。

算数・数学では、「定規を使って描いてもいい」と書かれていても、それは「長さを測っていい」ということではありません。基本的に、定規は直線を引くためだけに使います。そもそも$\sqrt{2}$の長さは、たとえ定規で測っても正確に描くことはできません。

この$\sqrt{2}$という長さを、どうやって図に描くかが今回のもうひとつの課題です。先ほど書いたように、$\sqrt{2}$が中学入試の問題に直接登場することはありません。$\sqrt{2}$が登場するときには、ほとんどの場合、ある図形として描かれます。

次の図1を見てください。アとイの四角形は、ともに正方形です。この2つの面積は、イがアのちょうど2倍になっていますね。正方形の面積は「1辺の長さ×1辺の長さ」なので、アの1辺（OB）を1とするとアの面積は1です。イの面積は2となるので、1辺（OA）は「2回かけて2になる数」、つまり"$\sqrt{2}$"です。

ここで三角形OABに注目すると、$\sqrt{2}$という数は、直角二等辺三角形の1辺の長さと斜辺の長さの比にも現れる数、といえます。

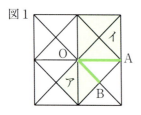
図1

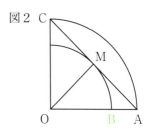
図2

今回の問題も、うまく"直角二等辺三角形"を描きましょう。まず、AとCを直線で結びます。これで直角二等辺三角形OACができました。さらにこの斜辺ACの真ん中の点をMとすると、三角形MOAも直角二等辺三角形です。そうすると、OMとOAの比は$1:\sqrt{2}$ですね。あとはこのOMと同じ長さをOA上に取るだけです。OMを半径とした扇形を描けば、「点B」が描けます（図2）。

✏ 直角三角形と「ピタゴラスの定理」

さてここで、図3を見てください。先ほどの図1を、真ん中の直角二等辺三角形に注目しやすいように45°傾けてみました（タイルも足したり削ったりしています）。「イの面積はアの2倍」でしたね。しかしこれは、別のとらえ方をすると、「アとウの面積の和がイの面積と等しい」ということもできます。

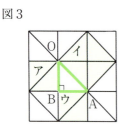
図3

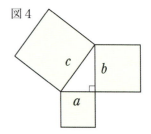
図4

この関係は、直角二等辺三角形に限らず、一般的な直角三角形についても成立します。直角三角形の3つの辺に、それぞれの辺の長さを1辺とする正方形をつくると（図4）、小さい2つの正方形の面積の和が、一番大きい正方形の面積と等しくなっているのです。数式で表すと、直角を挟む2辺の長さをaとb、斜辺の長さをcとして、$a \times a + b \times b = c \times c$です。これは195ページで出てきた「ピタゴラス方程式」ですね。名前の由来は、この定理を証明した古代ギリシャの数学者、ピュタゴラスからです。この定理自体もまた、彼の名にちなんで「**ピタゴラスの定理**」と呼ばれます（定理の内容から「**三平方の定理**」と呼ばれることもあります）。

「ピタゴラスの定理」をピュタゴラスはどう証明したか

せっかくなので、ピュタゴラスが証明したといわれている方法も見ていきましょう。たとえば、図5のような直角三角形を考えます。

この直角三角形を4つ、図6のように並べると、中央に1辺の長さがcの正方形ができますね。この正方形をアとします。次に、また同じ直角三角形を4つ、今度は図7のように並べます。そうすると、1辺の長さがaの正方形とbの正方形ができます。ここで、それぞれの外側の大きな正方形に注目してください。どちらの並べ方でも、外側の大きな正方形の1辺の長さは$a + b$ですね。面積ももちろん同じです。アもイ＋ウもこの正方形から直角三角形4つを引いた面積なので、アとイ＋ウは同じ面積だということができます。

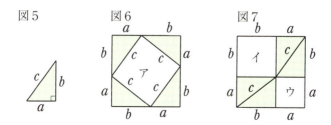

「ピタゴラスの定理」の教材としての魅力

　ピタゴラスの定理は、先ほどのピュタゴラスの方法以外にも、さまざまな証明の方法があります。そして、それらの中には小学生でも理解できる、さらにいえば思いつくことのできる方法がたくさんあります。その意味で、ピタゴラスの定理は算数・数学少年にとって、証明の練習としてちょうどいい問題でもあるでしょう。

　私自身も小学生の頃、通っていた塾の先生に「自分で証明してごらん」といわれました。そのときに考えたのは、次のような方法です。図のように辺の長さをそれぞれ a, b, c とします（私が小学生の頃は、a, b, c ではなく○、△、□を使っていました）。

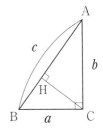

　頂点 C から斜辺 AB に向かって垂線 AH を引くと、三角形 CBH は三角形 ABC と同じ形（相似形）になっています。BC は AB の $\dfrac{a}{c}$ 倍なので、BH も BC の $\dfrac{a}{c}$ 倍です。つまり、BH の長さは $\dfrac{a \times a}{c}$ ですね。同様に、三角形 ACH も三角形 ABC と同じ形です。AC が AB の $\dfrac{b}{c}$ 倍なので、AH は AC の $\dfrac{b}{c}$ 倍、つまり $\dfrac{b \times b}{c}$ です。AH と BH の長さの和が AB の長さになので、式にするとこうなります。

$$\dfrac{a \times a}{c} + \dfrac{b \times b}{c} = c$$

　これを c 倍すると、$a \times a + b \times b = c \times c$ となりますね。証明終了です。もちろん、この方法は私が初めて発見したわけではありません。しかし、当時の私にとっては"オリジナル"であり、「自分の力で証明した」という達成感を得るには十分な成果でした。

ボヤイ＝ゲルヴィンの定理

図形パズルを楽しもう

第6章 図形の問題とその向こうに見える"数学の原型"

【問題】

図の四角形 ABCD において、AB と AD の長さは等しく、BC と CD の長さの和を 10cm とします。このとき、四角形 ABCD の面積を求めなさい。

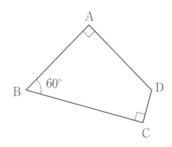

(2014 立命館中)

> Hint!
>
> 直接面積が求められる形ではなさそうです。こういった図形の面積を求めるときの定石は、「分割する」か「周りから引く」ですが、ここでは違う発想が必要です。ここで必要な発想は、「分割したあと組み換え」て、違う図形にする、という発想です。

"分割してから、組み換える"というアイディア

　一見すると203ページの問題と似ているような気もしますが、よくよく見ると形が少し違います。とはいえこの問題も、公式が使えそうな四角形ではありません。つまり、何かしらの工夫が必要なわけですね。さて、どういうふうに考えればいいのでしょう。

　203ページの問題のときは、「分割して考える」ことが大事だといいました。しかし今回は、ACで分割してみても、BDで分割してみても、面積を求められる形にはなりません。そこで、もう一つ別の発想を使います。それは、"分割した後、組み換える"というアイディアです。

　たとえば図1のように、AからBCに引いた垂直な線で図形を分割してみましょう。そして三角形ABHの辺ABを、残りの四角形AHCDの辺ADにくっつけてみてください。角ADCは計算すると120°なので、H'DCは一直線に並びます。できた四角形AHCH'は、角がすべて直角、AH = AH'になっているので、これは正方形ですね。BC + CDが10cmなら、HC + CH'も10cmなので、この正方形の一辺の長さは5cmとなり、面積は25㎠とわかります。

　他には、図2のように「ACで分割して、ADをABにくっつける」という方法もあります。この場合は直角二等辺三角形になります（底辺が10cm、高さは5cmなので、面積はやはり25㎠です）。

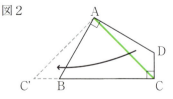

214

図形の分割組み換えパズル

　初見でこの問題を解くのは、難しいかもしれません。入試会場ではあまり出会いたくないタイプの問題ですね。しかし、純粋に問題の題材として見ると、どうでしょう。"ある形を組み換えて別の形にする"という発想は、とても興味深いと思いませんか。

　この「分割組み換え」は、昔からパズルの定番テーマの1つにもなっています。有名なものでいうと、タングラムやTパズルなどはこれに近い発想でしょう。せっかくなので、いくつか問題を出してみます。ぜひ気軽にチャレンジしてみてください。

【問題】

　下のそれぞれの図形を、指定された数の破片に分割し、それらを並べ替えて正方形をつくってください。

(1) 3つ　　(2) 3つ　　(3) 4つ

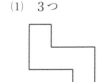

　いかがでしょうか。ちなみに、(3)はかなりの難問です。答えは次ページ以降に載せたいので、ひと通り解説からいきましょう。

　(1)は、定番の図形問題をアレンジしてつくったものです。その問題とは「図3のように、1辺10cmの正方形の頂点と辺の中点をそれぞれ結んだとき、真ん中にできる正方形の面積はいくらになるか」というものです。これは、図4のように考えると、真ん中の正

方形の面積がもとの正方形の$\frac{1}{5}$とわかるので、答えは20㎠です。

図3 　　図4

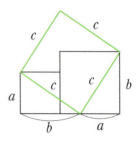

（2）の図形は、異なる大きさの正方形を2つくっつけた図形です。実はこれは、先ほど出てきた「ピタゴラスの定理」の証明にもなっています。もとの形の小さい方の正方形の一辺をa、大きい方の一辺をbとします。そうすると、この図形の面積は$a \times a + b \times b$ですね。右下と左下の直角三角形を切り取るとき、直角を挟む辺の長さがaとbになるようにします。この直角三角形の斜辺をcとすると、組み替えて出来上がった正方形（青）は、一辺の長さがcの正方形になっています。つまり、面積は$c \times c$です。もちろん、組み替えただけでは面積が変わらないので、$a \times a + b \times b = c \times c$である、ということができます。

（3）は、この手の問題で最も有名なものの一つで、イギリスのパズル王、デュードニー（1857～1930）の作です（『カンタベリー・パズル』より）。この問題は、解くためのパズルというよりも、答えを魅せるためのパズルかもしれません。ここまでくると、もはや芸術といってもいいですね。具体的にどういう点、どういう線で分割しているのか、ということについては、ここでは割愛いたします。興味のある方は「デュードニー分割」で調べてみてください。

さて、それでは答えです。それぞれ、以下のようになります。

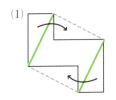
(1)

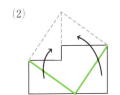
(2)

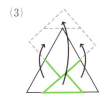
(3)

自分でパズルをつくるのも楽しい

こういったパズルは、解くのも楽しいですが、つくるのもとても楽しいです。うまくつくれたときには、きっと難しい問題を解けたときとはまた別の種類の感動を味わうことができるでしょう。

面白いパズルをつくるには、いくつか重要なポイントがあります。

まず1つ目は、もとの形と完成した形です。個々の図形の美しさもさることながら、それに加えて、それらのつながりの意外性があるほうが、より面白いパズルになります。その意味では、デュードニーのパズルはとてもすばらしいパズルといえるでしょう。

もう一つは、分割する回数です。実は、何回でも切っていいことにすると、もとの形も完成した形も直線図形の場合、どんな形でつくれてしまうのです。(**ボヤイ＝ゲルヴィンの定理**といいます。19世紀の前半に証明されました。) つまり、面白いパズルにしたければ、なるべく少ない分割回数にする必要がある、ということですね。

最後の3つめは、答えがひと通りに決まるか、ということです。これは個人的な趣味の問題かもしれませんが、複数の解答が出る、というのはあまり美しくありません。解く人にとっても、「ここで分割するしかない」というラインを発見したときのほうが、やはり嬉しいのではないでしょうか。

「曲線図形」でも分割組み換えはできる？

【問題】
　右の図は、1辺の長さが 20cm の正方形の中に、辺 AB、BC を直径とする半円をかいたものです。色をつけた部分の面積は何cm²ですか。

（2012 トキワ松学園中 一部小問略・表現改）

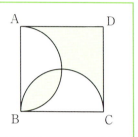

　直線図形同士であれば、それぞれどんな図形であっても、分割して組み替えることができる、といいました。それでは、曲線図形はどうでしょう。

　今回のような問題なら、右図のように組み換えることができますね。
　色のついた部分は直角二等辺三角形になるので、面積は 20 × 20 ÷ 2 = **200cm²**です。
　しかし曲線図形の場合、いつでも「分割組み換え」ができるわけではありません。そういった話から次回のテーマへつながっていきます。

円積問題とヒポクラテスの月
曲線図形の面積に挑戦する

第6章 図形の問題とその向こうに見える"数学の原型"

【問題】

1辺の長さが 12cm の正方形 ABCD があります。対角線 BD の中点を M とし、図のように B を中心とする半径 BM の円と、AB を直径とする円をかくとき、色をつけた部分の面積を求めなさい。ただし、円周率は 3.14 とします。

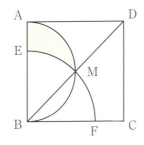

(2013 駒場東邦中 一部小問略・表現改)

Hint!

これも分割して組み換えようかなと思うかもしれません。しかしよくよく見ると、曲線のふくらみ具合が違います。これではうまくはまらないでしょう。ここは普通に求めるしかないですね。「求められる形」を足したり引いたりしましょう。

解法

古代ギリシャからの難問「円と同じ面積の正方形を描く」

紀元前の昔から、2000 年以上の長きにわたって"未解決"とされた、数学の難問があります。それは「ある円が与えられたとき、それと同じ面積の正方形を作図することができるか」というものです（これを「**円積問題**」といいます）。

209 ページでも少し触れましたが、算数・数学でいう「作図」には、いくつかのルールがあります。

まず、使ってもいいのは定規とコンパスだけです。つまり、「コンピュータを使えば楽に描けるよね」というのはナシです。しかも定規は長さを測るのではなく、まっすぐな線を引くためだけに使えます。コンパスはもちろん、円を描くだけです。

そしてもう一つ重要なことは、"有限回の操作で"描く、ということです。つまり、「この操作を無限に繰り返せば理論上は描くことができるはず！」というのもナシということです。

そんな制約のもとで描ける図形なんて、ほとんどないのではないか、と思う人もいるかもしれません。しかしそこが作図の面白いところで、うまく手順を考えると、様々なものが描けたりします。例えば、正三角形や正方形はそんなに難しくありません。正五角形あたりになるとかなり難しいですが、それでも描く方法はあります。

一方でもちろん、描くことのできない図形というものも存在します。そうすると、様々な図形に対して、どうやって描けばいいか、だけでなく、そもそもそれが描ける図形なのか、も考える必要が出てきます。当然、描くことができないと思っても、実は単に、その手順を思いつかないだけ、ということもあります。

そういったところが、「作図問題」の難しいところでしょう。

曲線図形を直線図形に変形する

冒頭で挙げた「円と同じ面積の正方形」も多くの数学者の頭を悩ませ続けてきた問題です。これは古代ギリシャの時代から知られていましたが、なかなかうまく描く手順が見つからなかったのです。

この問題に挑戦した数学者の一人として有名なのが、古代ギリシャの数学者、キオスのヒポクラテス（紀元前5世紀頃）です（医学で有名なヒポクラテスとは別人です）。

ヒポクラテスは、いきなり円を正方形にするのではなく、まずは「曲線図形のなかで、面積を変えずに直線図形に変形できるものがないか」と考えました。そうやって見つかったもののうちの一つが、図のような形です。色をつけた三日月のような形は、

実は緑の線で囲んだ直角三角形と同じ面積です。実際に計算してみましょう。この月形の面積は、次のような手順で求められますね。

もとの図形の、大きいほうの半円の半径を2とします。そうすると、イの図形は $2 \times 2 \div 2 = 2$、ウの図形は $2 \times 2 \times \pi \div 4 = \pi$ です（π は円周率です）。あとはアの面積を求めれば、月形の面積は求められるでしょう。アの半円の直径は、イの直角三角形の斜辺の長さなので、ピタゴラスの定理を使うと、$2 \times 2 + 2 \times 2 = ? \times ?$ となり、$? = \sqrt{8}(=2\sqrt{2})$ とわかります。つまり、アの半径は $\sqrt{2}$ で、面積は $\sqrt{2} \times \sqrt{2} \times \pi \div 2 = \pi$ となります。

よって月形の面積は、π + 2 − π = 2 となり、イの面積と同じになりました。結局のところ、アの面積とウの面積が等しくなるので、それらが打ち消し合う結果、月形の面積はイの面積と等しくなる、ということです。

この"月形"の形を、ヒポクラテスの名にちなんで「**ヒポクラテスの月**」といいます。今回の問題では、このヒポクラテスの月を半分にした形の面積を問われていますね。これは、右図の緑の三角形と同じ面積となるので、

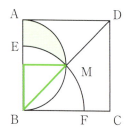

$6 \times 6 \times \frac{1}{2}$ = **18** が答えとなります。

ちなみに円積問題は、19世紀後半になってついに、「作図することができない」ということが証明され、ようやく決着が付きました。しかしだからといって、「描けないはずのものを描こうとした」人々の努力が、すべて徒労だったわけではありません。この問題に限った話ではなく、数学の難問に取り組むとき、たとえその問題の解決につながらなくても、その過程において様々な副産物が生まれます。そうして生まれた副産物は、数学の世界を豊かにし、また新たな難問を生み出します。円という形に魅せられた数学者たちは、この問題も含め、様々な難問に取り組むことで、その形の持つ性質や、π（円周率）という不思議な数の本質へと迫っていったのです。

曲線の長さを測るアイディア
アルキメデスと円周率

【問題】

下の図のような正六角形があり、その頂点ア，イ，ウ，エ，オ，カすべてを通るような半径 10cm の円があります。また円の外側に、正六角形の頂点ウ，カと、円周の上にある点キ，クを通るような正方形ケコサシがあります。

この図を用いて、円周が直径の 3 倍より大きく、4 倍より小さい値であることを説明しなさい。なお、円周率が 3.14 であることは使ってはいけません。

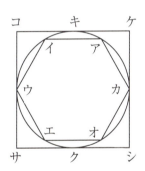

(2014 東京学芸大附属世田谷中)

Hint!

最後の注意書きがなければ、「だって円周率って3.14じゃないの」という答えが多くなりそうですね。ここで聞かれているのは、円周率とはそもそも何か、そして、その大きさはどうやって求めることができるのか、ということです。

「円周率とは何か」と聞かれたら、あなたはどう答えますか。

子供にこの質問をすると、「3.14！」と元気よく答えてくれる子が多いです。答えられる（と思っている）ことを聞かれると、嬉しくなるのでしょう。しかし残念ながら、それは間違いです。そう言うと、「知ってる知ってる、3.14で終らずに、3.1415……って続くんだよね」と、覚えているところまで答え続けてくれる子もいます。しかしこれも違います。もう少し学習内容が進んでくると、「そうそう、円周率は無限に続くから、数字を読み上げていっても正確に表現できないんだよね。だから"π"って答えるのが正解だ」と思う子もいるみたいですが、そういうことでもありません。

なぜなら、それらは「円周率はいくらか」に対する答えであって、「円周率とは何か」に対する答えではないからです。

さて、それでは改めて、円周率とは何でしょう。

文字通りにとらえれば、円周の"率"、つまり「円周の割合」ということですね。何に対する割合かというと、これはその円の直径に対する割合でしょう。式で表すと、円周÷直径＝円周率です。

全ての円は、拡大・縮小すればぴったり重ねることができます。当然、どの円も「直径に対する円周の割合」は同じ値です。ということは、この円周率の値さえあらかじめ知っておけば、あとはそれぞれの円の直径を測るだけで、円周の長さが計算できますね。

ここまで来ると、今度は円周率の具体的な大きさを知りたくなるのが人の性でしょう。しかし、曲線の長さは、なかなか正確に測れるものでもありません。そもそも、実際に測ってみたところで、それが正確だという保証もありません。円周率の正確な値を知るためには、計算していくためのアイディアが必要になります。

円周の長さを調べる技法

曲線の長さを正確に知ることは難しいです。しかし直線の長さなら、曲線ほどは難しくありません。そこで、周りの長さが円周より明らかに長い直線図形と、短い直線図形を考えます。円周の長さはその2つの図形の外周の長さの間にあるはずですね。

今回の問題では、正方形と正六角形をすでに描いてくれています。これらをありがたく利用しましょう。外側の正方形の周りの長さは、円の半径のちょうど8倍（直径の4倍）です。円周はこれより短いですね。一方、内側の正六角形の周りの長さは、半径のちょうど6倍（直径の3倍）です。円周はこれより長いはずです。よって、

直径×3 ＜ 円周（＝直径×円周率） ＜ 直径×4

つまり、円周率は3より大きく4より小さい、といえました。

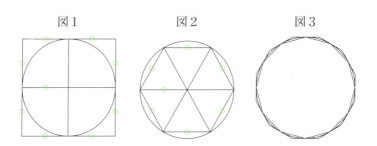

図1　　　　図2　　　　図3

3から4の間ってずいぶんざっくりだな、と思いましたか。もちろん、「円周率の大きさは3から4の間」という情報そのものには、あまり価値はありません。実際、その程度のことは、紀元前2000年ごろにはすでに知られていたようです。ここで重要なのは、円に内接・外接する正多角形の周の長さを利用して円周率の範囲を絞り込んでいく、という考え方です。この考え方を利用すれば、さらに

細かく範囲を絞り込めそうですね。どんどんカドを増やして、内側の図形、外側の図形を、もっと円に近づけてあげればいいでしょう。たとえば、内側も外側も正十二角形にすると図3のようになります。こうすれば、先ほどよりも近い値が求まりそうです。

アルキメデスは円周率をどう絞り込んだか

　さてそれではこの方法で、本当に円周率の値をうまくつきとめられるのでしょうか。実際に計算していく場面を想像してみてください。なるべく円に近い形がいいからといって、円に内接・外接する正百角形の周りの長さを考える、というのは可能ですか。無理ではないかもしれませんが、大変そうです。さらにそこからもっと範囲を狭めるため、次は二百角形でやってみよう、と考えるとどうでしょう。また頭を抱えてしまいそうですね。

　この方法にさらにもうひとつ重要なアイディアを付け加え、実際に円周率の値をうまく絞り込んだのが、紀元前3世紀、古代ギリシャのアルキメデスです。そのアイディアとは、第3章でも扱った、"漸化式を利用する"考え方です。

　アルキメデスは、いきなりカドの数が多い図形を考えるのではなく、まず正六角形の周りの長さを、その次に正十二角形の周りの長さを計算しました。そして、正六角形の周りの長さと正十二角形の周りの長さとの関係を考えたのです。正 n 角形の周りの長さを利用して正 $2n$ 角形の周りの長さを求める方法がわかれば、正十二角形の次は正二十四角形、その次は正四十八角形、……とどんどんカドを増やしていくことができますね。

　アルキメデスはこの方法で正九十六角形の周りの長さを計算し、

$$\frac{223}{71} < \ 円周率\ < \frac{22}{7}$$

という範囲にまで絞り込みました。これは小数に直すと、

3.1408… < π < 3.1428…

です。この時点で「3.14」までが確定したことになりますね。小学校で出てくる「円周率は3.14」を最初にいいだしたのは、アルキメデスだったというわけです（冗談ですが）。

なぜ東大は「円周率の証明」を出題したのか？

【問題】
円周率が3.05より大きいことを証明せよ。　　　　　(2003 東京大学)

中学入試ではありませんが、円周率の大きさというと、こちらの東大の問題も有名です。今回の問題の出題者も、もしかするとこの問題を念頭においていたのかもしれません。

大学受験生は、平方根や三角関数など、中学受験生より高度な数学的技術が扱える前提です。そのため、先ほどの問題より少し条件が厳しくはなっています。しかし、本質的には先ほどの問題と同じでしょう。正六角形だと「3より大きい」という結論にしかなりませんが、それよりもう少しカドを増やして正八角形にすればこの問題はクリアできます。正八角形だと少し計算が複雑なので、アルキメデスの真似をして正十二角形で考えるのが一番無難な解答かもしれません（くわしい解説は省略します）。

東大がこの問題を出す少し前、学習指導要領の改訂が行われました。いわゆる"ゆとり教育"です。ゆとりを持たせることを主眼に置いたこの改訂では、学習時間や学習内容の削減が行われ、多くの

議論を呼びました。算数に関していえば、「小学校では円周率を"3"で教える」という話があったのを覚えている人もいるでしょう。実際には、本当に円周率を"3"で教えていたわけではありません。ある学習塾の単なる宣伝文句で、「学校に自分の子供を任せておいて大丈夫なのか」という保護者の不安をあおっただけのものでした。しかし、それを信じた人たちから、様々な批判が起こったのです。そういった背景のもとで出題されたこの問題、相当に強いメッセージが込められていたといえるでしょう。

とはいえ、出題者がどういうメッセージを込めたのか、については、公式の発表があったわけではないので、推測するしかありません。この問題は「円を多角形で近似し、それを利用して円周率の大きさを絞り込む」というアイディアが肝です。そこから先はいろいろな手法が考えられ、数学の問題としてそれほど難しくはないでしょう。

　一方で、そのアイディアを知らない人がその場で解き方を思いつく、というのはかなり無理があるようにも思います。アルキメデスのエピソードをどこかで聞いたことがあるか、もしくは、円周率の正確な値を自分で計算してみようとしたことがあるか、が正解不正解を分けたのではないでしょうか。そういった意味では、思考力や数学力を問うというよりも、"教養"や"知的好奇心"が試される問題だったといえます。

　円周率の値は、小数点以下無限に続いていきます。アルキメデス以降、多くの人達がさらに細かい値まで計算し、現在（2013年現在）では小数点以下12.1兆桁まで計算されています。もちろん、正多角形を利用する方法以外にも、より手早く計算するためのアイディアがいくつも登場しました。ここでは扱いませんが、興味のある人は是非そういったものも調べてみてください。

無限小の世界に迫る
アルキメデスと取り尽くし法

第6章 図形の問題とその向こうに見える"数学の原型"

【問題】

図のように、正方形 ABCD の 4 つの頂点を通る円がある。また、点 E、F、G、H はそれぞれ辺 AB、BC、CD、DA のまん中の点である。この円の面積が 10 ㎠ であるとき、四角形 EFGH の面積を求めなさい。ただし、円周率は $\frac{22}{7}$ とします。

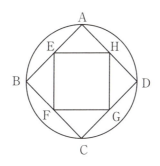

(2014 東邦大学付属東邦中 改)

Hint!

半径が与えられてそこから円の面積を求める、という問題はよくありますが、今回は逆パターンですね。しかし逆になったところで使う公式は同じです。円の面積の公式、正確に覚えていますか?

「円の面積」の公式は難しい

　円について小学校で習うもののうち、もう一つ難しいのが円の面積です。円の面積を求める公式は

　円の面積 = 半径 × 半径 × 円周率

ですが、これを子供に教えても、なかなかスムーズに定着しません。定着しない理由の一つは、ほぼ同時期に円周の長さの公式も学習するからでしょう。先ほど「円周 = 直径 × 円周率」と紹介しましたが、これを変形すると「円周 = 半径 × 2 × 円周率」です。確かによく似ていますね。ついつい混同してしまうのも仕方ありません。

　しかし定着しない一番大きな理由は、そもそもこの公式自体が難しいからでしょう。なぜこの公式になるか、ということを、小学生に理解させるのは至難の業です。もちろん、イメージやたとえ話を使って"納得"させることはできます（本当はそれで十分なのですが）。しかし、そういった話は厳密ではないので、どういったイメージなら納得できるかというのには個人差があり、納得しない子はなかなか納得しません。指導の際には、いつも苦労するところです。

　今回の問題は、円の面積の公式さえきちんと定着していたら、それほど難しくはないでしょう。

　円の面積 = 半径 × 半径 × $\frac{22}{7}$ = 10 なので、半径 × 半径 = $\frac{35}{11}$ です。ABCD の面積が「半径 × 半径」の2倍で、EFGD の面積はその半分なので、答えは $\frac{35}{11}$ × 2 ÷ 2 = $\frac{35}{11}$（cm²）です。

円のだいたいの大きさをとらえる

　円の面積の公式を理解したいとき、「なぜそうなるか」を考えることよりも、"イメージ"をつかむことのほうがひとまず大事です。たとえば、円のだいたいの大きさがわかっていれば、公式の覚え間違いも減るでしょう。円の大きさをつかまえるときに役立つのは、やはり多角形に近似する方法です。

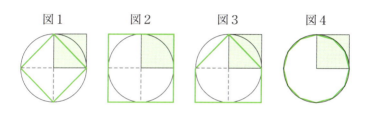

図1　　　　図2　　　　図3　　　　図4

　まずは、円の内側に収まる正方形を考えてみましょう（図1）。この緑の四角形の面積は、薄緑の正方形のちょうど2倍になっていますね。薄緑の正方形の面積は円の半径×半径なので、円の面積は「半径×半径×2」よりも大きい、ということができます。

　外側に接する正方形ならどうでしょう（図2）。緑の正方形の面積は、薄緑の正方形の面積のちょうど4倍です。ここまでで、

　半径×半径×2　＜　円の面積　＜　半径×半径×4

ということがわかりました。しかし、2倍から4倍とは、ずいぶん範囲が広いですね。間をとって3倍はどうでしょう。薄緑の正方形の3倍というと、たとえば図3のような五角形があります。しかしこれでは円より大きいか小さいか、見た目だけでは判断できません。そこでいくつか思い当たる図形の面積を計算してみると、円の内側に接する正十二角形がちょうど「半径×半径×3」です（図4）。つまり、円の面積は半径×半径の3倍より少し大きい、といえます。

円を小さな三角形で埋めつくす

この「3倍より少し大きい」というのが実は円周率倍になる、といわれて、納得はできますか。冷静に考えると、もしかすると 3.1 倍かもしれないし、3.2 倍かもしれません。本当にちょうど"円周率倍"になるのかどうか、もう少し詰めていく必要がありそうです。

ここできちんと、「円周率倍になる」ということを証明したのが、先ほども登場したアルキメデスです。アルキメデスは、今度は正方形からカドを増やしていきました（図5）。

今、「半径×半径×π」つまり「半径×円周÷2」を公、円の面積を円、円の中の正多角形の面積を多とします。円−多（図の色をつけた面積）を差とすると、これはカドを増やすごとに、どんどん減っていきますね。このときもし円が公より大きいと、円−差（つまり多）はどこかで公より大きくなります。

しかし一方で、図6のように、中の正多角形を「多角形の一辺を底辺とする三角形の集まり」と見てみてください。そうすると、底辺の和は円周より小さく、高さは半径より小さくなるので、この面積は公よりも小さくなりますね。ここで矛盾が起きました。よって、円の面積円は、公より"大きくない"ということができます。

同様に、外側の多角形を考えると、円は公よりも"小さくない"ともいえるので、円は公と等しい、という結論になります。

少し難しい話でしたが、この隙間に小さな三角形を埋めていき、円の面積を"取り尽くす"考え方を「**取り尽くし法**」といいます。

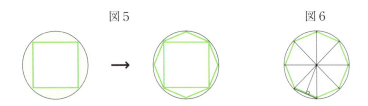

図5　　　　　　　　　　　　　図6

面積・体積の研究の成果
カヴァリエリの原理から積分へ

【問題】
　図は平行四辺形です。色をつけた部分の面積を求めなさい。

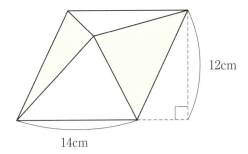

（2013 東海大付属相模高等学校中等部）

> Hint!
>
> 情報が少ない問題ですね。こういうときに有効な発想はなんだったでしょうか。そうですね、"やってみる"ことでした。中央の白い三角形の高さを適当に決めてみましょう。

中学受験でよく利用される「等積変形」

三角形は、底辺×高さ÷2で面積が求められます。そうすると、底辺と高さがそれぞれ等しい2つの三角形は、面積も等しくなりますね（右図の黒と緑の三角形）。

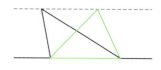

これを利用すると、三角形の底辺を固定したまま、残りの頂点を底辺と平行に動かして、面積を変えずに形だけを変えていくことができます。この発想を「**等積変形**」といいます。この三角形の等積変形は、"面積が求められなさそうな形"を"面積が求められる形"に変形するときに大いに役に立ちます。

今回の問題もこの「等積変形」を使います（もちろん〈ヒント〉にも書いたように、適当に長さを決めてまずは答えだけ出してしまっても構いません）。色のついた部分は三角形ですが、底辺も高さもわかりません。しかし、面積を変えずに形だけをうまく変形していくことで、最終的に面積を求められる形にすることができます。

まず三角形 ABE に注目してください（右ページ図）。AB を底辺と見ます。E から AB と平行な線を引くと、頂点 E はこの線上にある限り"高さ"が変わらないので、面積も変わりません。つまり、三角形 ABF の面積は三角形 ABE の面積と同じです。同様に、右側の三角形 DEC は、三角形 DFC にしても面積が変わりません。

次に、三角形 DFC をまた変形します。今度は FC を底辺として見てみましょう。頂点 D を、直線 AD 上で動かします。もちろん、高さはずっと同じなので、面積は変わりません。つまり、三角形 AFC にしても、面積は変わらないということです。そうすると、求めたい面積は三角形 ABC と等しくなりますね。ここまで来ると

あとは簡単です。14 × 12 ÷ 2 = **84**（c㎡）が答えです。

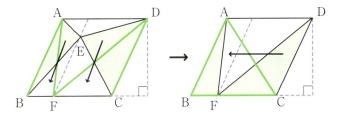

【問題】
　図は、面積が 127c㎡ の長方形 ABCD です。辺 BE の長さが 6cm で、斜線部分の三角形の面積が 50c㎡ のとき、辺 DF の長さを求めなさい。

（2009 京都女子中）

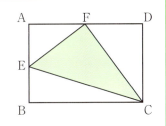

　これはなかなかの難問です。どういうふうに変形するか、見たことがなければ、そうそう思いつくものではないでしょう。

　今回はまず、左上に長方形 AEGF をつくります。そして、このときできた三角形 CGE と CFG を図のように変形するのです。

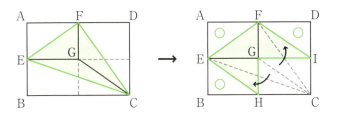

　三角形 CGE を三角形 HGE に、三角形 CFG を三角形 IFG に変形しました（H や I はそれぞれ FG、EG の延長上とします）。ここで、○をつけた３つの三角形に注目してください。この３つの三角形の

面積の和は、色のついた部分の面積と同じですね。つまり50㎠です。よって長方形GHCIの面積が27㎠（= 127 − 50 × 2）とわかり、DF（= IG）の長さは **4.5cm**（= 27 ÷ 6）となります。

　いかがでしょう。そんな変形思いつかない、と思いますか。安心してください。私も初めて見たときは、おおなるほど！と思わず膝を打ちました。世の中には面白いことを考える人がいるものですね。ちなみにこの変形は、高校で学習する「座標平面上の三角形の面積」の公式へとつながっていきます。

面積を"糸"の集まりととらえる

　「底辺と高さがそれぞれ等しい三角形は面積が等しい」というのは、面積の公式で説明できます。しかし、その"ロジック"で理解しただけで終わってしまうのは、非常にもったいないでしょう。この「三角形の等積変形」の向こうには、その先の数学につながる重要な"イメージ"が見えるからです。

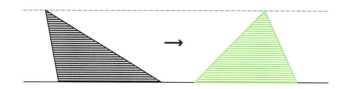

　まず、底辺と高さがそれぞれ等しい2つの三角形を、底辺と平行な線で細く切ったところを想像してください。図ではある程度幅があるようにしか描けませんが、頭の中で一つひとつが"糸"に見えるくらいまで細くします。そうすると、それぞれの同じ高さにある"糸"は、すべて同じ長さになっていますね。つまり、この2つの三角形を構成する"糸"はまったく同じです。"糸"の位置をずらせば、どちらの三角形にもできるので、当然面積は同じです。

【問題】

右の図のような半円と直線とで囲まれた図形を考えます。⊙の面積が⊛の面積より 10cm²だけ大きいとき、AC の長さは何 cm ですか。

（2010 洛星中）

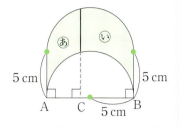

図形を"糸"で分割する、というイメージは、この問題でも使えます。今回はたてに細くスライスして、ストンと全部落としてしまいましょう。そうすると、⊛も⊙も長方形になりますね。これらを合わせた面積は50cm²です。条件を満たすには、⊛を 20cm²、⊙を 30cm²にすればいいでしょう。よって、AC の長さは **4cm** です。

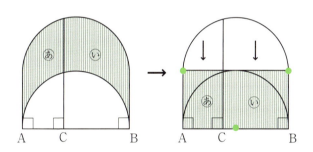

「積分」につながるカヴァリエリの原理

2つの図形を平行なたくさんの線で分割したとき、それぞれの"糸"の長さが等しければ、その2つの図形の面積は等しいと言えます（立体でも同じようにいえます）。これを、17世紀イタリアの数学者の名前にちなんで、「**カヴァリエリの原理**」といいます。

このカヴァリエリの原理は、高校数学で学習する「**積分**」へとつながっていきます。"ビブンセキブン"の積分です。"微分積分"というと、"三角関数"と並んで、「よくわからない数学」を象徴する

単語のひとつでしょう。しかし、三角関数と同様、その入り口となる根本的なアイディアは、本来それほど難しいものではありません。

　現在の高校数学のカリキュラムでは、微分を習ったあと、その逆の操作として積分を習います。しかし、歴史的な話をすれば、もともと微分と積分は別の概念でした。それらがお互い逆の演算だ、ということに気づいたのは 17 世紀の数学者、ニュートンとライプニッツです。確かにその発見は、現代の微分積分学発展の基盤となる、重要な発見でした。しかしだからといって、それまでの"積分"がなんだったのか、という話をしないままでは、"積分"に対する理解は深まらないのではないでしょうか。

　積分の出発点は、図形の求積です。円や球などの曲線図形の面積・体積を求めようとした、先人たちの知恵の蓄積こそが"積分"なのです。アルキメデスは、円を三角形で埋めていくことで円の面積を計算しました。カヴァリエリは、図形を細かくスライスすることで面積や体積を求めようとしました。その"小さな三角形"や"糸の面積"を厳密に求める手法が高校数学で学習する積分だ、といわれると、少し雰囲気がつかめたような気がしませんか。

＊　＊　＊　＊

　人類は長い間数学を続けてきました。その長い歴史の中で、"素朴なアイディア"を厳密な理論へと洗練してきたのです。数学を学ぶ、といったとき、現在の完成された理論を学習することももちろん大事でしょう。しかし、完成形だけを見てすべてを理解するのは、簡単なことではありません。本格的な学習に入る前に、まずそれらの"原型"に触れ、なんとなくイメージをつくっておくこと。そうやって数学を受け入れる"センス"を養っておくことこそ、難しい数学をスムーズに学習していく秘訣ではないでしょうか。

第 7 章

物の数を
正確に数える工夫

Introduction

物の数を数えるのはとても難しい

　いまさら確認するまでもないことですが、数学では、その名の通り「数」を扱います。そしてその「数」は、物を"数える"ための道具です。

　人類は物を数えるために「数」を発明し、その「数」を軸にして数学を構築してきました。そういう意味で、物の数を数えるという行為は、人類と数学との最も原始的な出会いだといえるでしょう。

　しかし、原始的だからといって、決してそれが簡単なことというわけではありません。人が物を数えるとき、そこには"数え間違い"というリスクがつねについて回ります。なんとなく数えているだけでは、なかなか「正しい数」にたどりつくことができないでしょう。

　人類はその"数え間違い"を回避し、正確に物の数を数えるため、様々な知恵を編み出しました。そのいろいろな工夫を、この章では順に紹介していきます。

グループごとに分けて数える

【問題】

正三角形 ABC の 3 つの辺をそれぞれ 5 等分する点をとり、それらを正三角形 ABC の辺に平行な線で結んで、右の図のような図形をつくります。この図形の中に現れる正三角形は、正三角形 ABC を含めて全部で何個ありますか。

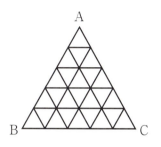

（2012 灘中 表現改）

Hint!

図の中には、最初から見えている 25 個の正三角形以外にも、下のような、いくつかの三角形を組み合せてできる正三角形もあります。これらをすべて数えていくと一体いくつになるか、という問題です。

この問題は、別に計算だけで答えが出るような "うまい解き方" があるわけではありません。根本的には "数えていく" しか解き方はないので、安心して数えてみてください。

この問題で大事なことは、1 回で正解できるかどうか、です。どうでしょう、その答え、自信はありますか。

物の数を正確に数えるには知恵と工夫が必要

　最初に正解から確認しましょう。答えは「**48個**」です。どうでしょう、1回で合わせることはできましたか。

　実際にいろいろな子供にこの問題を解かせると、1回で正解することはほとんどありません。数えもらしてしまったり、同じものを2回数えてしまったり、途中で何かしらのミスをしてしまいます。
　もちろん何回か間違えても、そのたびに数え直せばいずれは"正解"にたどり着くでしょう。しかし、算数・数学のテストなら、自分の答えが間違いだと気づくのは、×がついて答案用紙が返却されてからです。そこで間違いだとわかっても、0点は0点です。
　「いやいや、テストの点なんてどうでもいい、人生はテストとは違うよ」という人もいるかもしれません。しかしその"人生"にさえ、1回で"正解"しなければならない場面はいくらでもあります。
　そもそも普段の生活で物の数を数えるとき、"正解"がわからないから数えているわけです。何回も数えなおして、何度も"答え"が変わるようでは、その"答え"はあてにならないと思いませんか。

　物の数を正確に数えることは、原始的でありながら、とても難しい課題です。その難題をクリアするためには、やはり知恵と工夫が必要です。

正確に解くための基本"分けて数える"

　それでは、もう一度問題を解きましょう。これを正確に解いていくための重要な発想は、"分けて数える"ということです。
　様々な種類のものが混ざっているとき、それらをそのまま片っ端

から数えていく、というのはとても難しいでしょう。そんなとき、何らかのルールでいくつかのグループごとに分けてしまうのです。

これは、そう難しい話ではありません。たとえば、貯金箱の中にたくさんある小銭を数えるとき、そのまま数えるより「五百円玉が何枚、百円玉が何枚、五十円玉が何枚、……」と硬貨の種類別に数えたほうが楽ですよね。日常的には結構普通にやっていることです。

今回の問題では、図の中にいろいろな種類の正三角形があります。そのまま数えていくと、途中で間違えてしまいそうです。そこで、いくつかのグループに分けて数えてみましょう。たとえば、"三角形の大きさ"を基準に、グループ分けをしてみます。

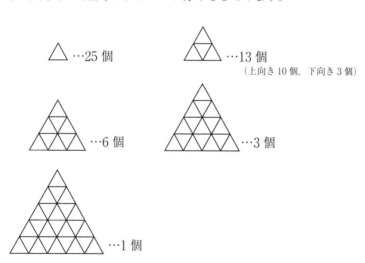

以上、合計48個です。こうしてみると、とても数えやすくなりますね。

数え間違いのパターンは2つしかない?

グループに分けて数えるとき、気をつけなければいけないことは2つあります。それは、「同じものが複数の別のグループに入っていないか」と「どのグループにも入っていないものはないか」です。

数え間違えてしまう原因のほとんどは、「同じものを重複して数えた」か「数えもらしをした」かのどちらかです（他にも一応、数えるべきでないものを数えた、というミスはありますが、これは問題を読み間違えたり、条件を勘違いしていたりするとよく起きるミスで、"数え間違い"とは少しニュアンスが違います）。

そもそも、グループに分けて数えるのはミスを減らすためです。グループ分けの段階で、グループ同士が重なっていたり、グループに入っていないものがあったりすると、その後の作業をどれだけ注意深く行なっても、正解にたどりつくことは決してありません。それは本末転倒ですね。

抽象的な"物"を数える「場合の数」

算数・数学で扱う「物の数を数える問題」は、今回のような具体的な物を数える問題ばかりではありません。「組み合わせ」や「方法」、ときには「シチュエーションの種類」など、抽象的な"物"を数える問題も多くあります。そう、いわゆる「**場合の数**」です。

場合の数の問題というと、「何か掛け算するやつ」と思っている人もいるかもしれません。しかしそのイメージは間違いです。

場合の数も、具体的な"物"を数えるときと同じ工夫をしていきます。グループごとに分けて数え（「**場合分け**」）、それらを最後にまとめること（「**和の法則**」）、その2つこそ、まずはマスターすべき基本の考え方といえるでしょう。

「同じ数ずつ」なら掛け算を使う

第7章 物の数を正確に数える工夫

【問題】

1から30までの30個の整数の中から、異なる2つの数A、Bを選びます。このとき、AとBのうち、どちらか一方だけが6の倍数になるような選び方は何通りありますか。ただし、たとえばAが2でBが6の場合と、Aが6でBが2の場合は、別の選び方とします。

(2014 甲陽学院中 改)

Hint!

先ほどと同じように、まずはいくつかの場合に分類してから、それぞれ数えてみましょう。

「数える物」を具体的に挙げる

今回は、いわゆる"場合の数"の問題です。

こういった問題では、具体的な"物"を数える問題と違い、どういうものを数えていけばいいのかが見えにくいこともあります。そんなとき、具体的に「数えるもの」をまず挙げていくことも大事です。これも「まずは"やってみる"」の精神ですね。今回も、条件を満たす（A，B）の組み合わせを、思いつくままに列挙してみましょう。

(6, 8) (12, 11) (11, 12) (3, 18) (20, 24) (12, 7) ……

「どちらか一方"だけ"」と書いてあるので、(12, 18) のように両方とも6の倍数の組み合わせはダメです。最初に「異なる数字」とも書いてあるので、(6, 6) のような同じ数字の組み合わせも数えません。一方で、(12, 11) の組み合わせと (11, 12) の組み合わせは別々にカウントします。

なんとなく、何を数えていけばいいのか見えてきましたか。そこから先は、具体的な物を数える問題と同じです。このまま全部書いていってもかまいませんが、正確に数えていくのはやはり難しいでしょう。数えやすいように様々な工夫をしていきます。

最初に使う発想はやはりグループ分けですね。ある程度書いたおかげで、どういうグループ分けをすればいいかも少し見えています。まずは2つのグループに分けてみます。

$$\begin{cases} （ア）\quad Aが6の倍数で、Bが6の倍数でない組み合わせ \\ （イ）\quad Bが6の倍数で、Aが6の倍数でない組み合わせ \end{cases}$$

「同じ数をまとめる」から掛け算をする

　さてここで、(ア) のグループに入る組み合わせの数と、(イ) のグループに入る組み合わせの数の関係に注目してください。
　(ア) で (12, 11) という組み合わせを数えたら、(イ) には (11, 12) という逆の組み合わせが必ずあります。ということは (ア) と (イ) では、それぞれ数字の組み合わせの数は同じになるはずです。つまり、答えを出すためには、どちらか片方のグループの数だけ数えて、あとで 2 倍すればいい、ということになりますね。

　これが、「物の数え方の工夫」の 2 つ目です。いくつかのグループに分けたとき、それぞれのグループの中の数が同じなら、1 つのグループだけ数えてそれを何倍かすると、全体の数を求めることができます。たとえば、段ボールいっぱいに詰まったみかんを、大きさごとに分けたとき、10 個ずつのグループが 5 つできたとします。そうすると、みかんの数は全部で 50 個ですね。すべてのグループが同じ数ずつでなくても、同じ数ずつのグループがいくつかあれば、それらを別々に数える手間は省けます。たとえば 4 つ入りのグループが 5 つと 6 つ入りのグループが 3 つなら、$4 \times 5 + 6 \times 3 = 38$ とすればいいのです。
　場合の数の多くの問題で "掛け算" が活躍するのは、こういった「同じ数のグループ」がよく出てくるから、ということなのです (これを「**積の法則**」といいます)。

　問題に戻ります。次は、(ア) の中にいくつの組み合わせが入っているか、ですね。これも順番に数えていけるほど少なくはなさそうです。そこで、もう一段階グループに分けてみましょう。今度は、A の数字によって分けてみます。

$$\begin{cases} (ア)-Ⅰ：Aが6の組み合わせ \\ (ア)-Ⅱ：Aが12の組み合わせ \\ (ア)-Ⅲ：Aが18の組み合わせ \\ (ア)-Ⅳ：Aが24の組み合わせ \\ (ア)-Ⅴ：Aが30の組み合わせ \end{cases}$$

いかがでしょう。これらのグループも、それぞれ同じ数ずつ入っているのがわかりますか。たとえば、(ア)-Ⅰには(6, 1)という組み合わせがありますが、他のグループにも(12, 1)(18, 1)(24, 1)(30, 1)という、"Bの数が同じ"組み合わせが必ず存在します。つまり、(ア)のグループの数というのは、(ア)-Ⅰの数を数えて5倍すれば求めることができる、ということですね。

あとは(ア)-Ⅰの中身の数を数えるだけです。(6, 1)(6, 2)……(6, 29)と数えていくと全部で25個です(Bの数字は、6の倍数以外なので、30 − 5 = 25とすることもできます)。

よって、答えは25 × 5 × 2 = **250通り**となります。

「P」とは何をやっているか

場合の数の典型問題と「掛け算」の関係も、ここで見ていきます。

> 【問題】
> 1,2,3,4の数字が書かれたカードが1枚ずつあります。これらのカードを並べて4桁の数字をつくるとき、できる数字は何通りありますか。

これも各位に使われている数字によってグループ分けしていくと、次のようになります。一部省略していますが、同じ階層で分けたグループの中には、それぞれ同じ個数ずつ入っていますね。

```
千の位      百の位      十の位
⎧ 1  ──→  ⎧ 2  ──→  ⎧ 3  ──→  1234
⎨ 2        ⎨ 3        ⎩ 4
⎨ 3        ⎩ 4
⎩ 4
```

それぞれのグループには1つずつの数字が入っているので、全部で $1 \times 2 \times 3 \times 4 = $ **24通り**の数字をつくることができます。

中学・高校で場合の数を習ったとき、PやらCやらが出てきて何が何だかよくわからなくなった人もいるでしょう。実は、そのうちのPの正体がこれです。今の計算をPを使って書くと、

$$_4P_4 = 4 \times 3 \times 2 \times 1 = 24$$

となります。Pというのは「**Permutation（順列）**」の頭文字です。「$_nP_r$」と書かれているとき、それは「n 個のものから r 個を選んで並べるときの並べ方の数」を表します。

たとえば「1〜5の5つの数字から3つを並べてできる数字の数」は、$_5P_3$ と表します。これを計算すると、$5 \times 4 \times 3 = 60$ です。

並べるものは数字でなくてもかまいません。人でも果物でも、"それぞれ異なるものからいくつかを選んで並べる"という条件であれば、その並べ方の数は、このPを使って表すことができます。

同じ数を何回使ってもいいときの数え方

もちろん、どんな問題でもこのPを使えばいいかというと、そういうわけではありません。条件が変わると、考え方も変える必要があります。

【問題】
　1，2，3，4の数字が書かれたカードがたくさんあります。これらのカードから4枚のカードを選び、それを並べて4桁の数字をつくるとき、できる数字は何通りありますか。

　先ほどの問題とよく似ていますが、今回の問題では同じ数を何回使っても構いません。この場合、同じようにグループ分けしていくと、以下のようになりますね。

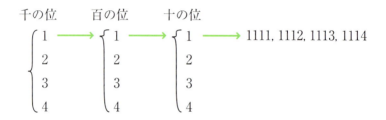

　計算すると、$4 \times 4 \times 4 \times 4 = 256$ 通りとなります。ちなみに、こういった"同じものが重複してもいい"並べ方のことは、「重複順列」と呼ばれます。高校までの教科書には載っていませんが、これを記号で表すと $_n\Pi_r$ となります。たとえば、この問題の場合は $_4\Pi_4$ です。

　場合の数で掛け算を使うのは、「同じ数のグループをまとめる」ためです。そのため、場合の数の問題を掛け算で解きたいと思ったとき、「どうグループ分けすれば同じ数ずつのグループになるのか」や、「分けたグループが本当に同じ数ずつになっているか」を考えることが大事なのです。

わざと重複して数える

【問題】
　12個の同じ大きさの正五角形で囲まれた立体の頂点の数は何個でしょう。また、辺の数は何本でしょう。

(2009 公文国際学園中等部 改)

> Hint!
>
> 考えている図形は、下のような形です。しかし、目で数えていくのは今回はやめておきましょう。
> それの面をバラバラにして、もとの正五角形の紙12枚に戻すと、辺の数や頂点の数はどうなるでしょうか。

解法

 全部同じ回数ずつ重複して数える

244ページで、物の数を数えるときは同じものを重複して数えないようにすることが大事だ、といいました。しかし、それを逆手に取った"数え方の工夫"もあります。同じものを重複して数えるとき、すべて同じ回数ずつ重ねて数えたとしたらどうでしょう。たとえば全部2回ずつ数えたのであれば、最後に2で割ればすみますね。

今回の問題で考えなければいけない立体は、〈ヒント〉の図のような形です。これは「正十二面体」というそれなりに有名な図形なので、頂点の数や辺の数を知識として知っていれば、この問題も簡単に解けてしまうでしょう。しかしここでは知識の有無が問われているわけではありません。きちんとその場で数えていくことが求められているはずです。もちろん、何の工夫もなく数えていくのはなかなか難しいでしょう。図があればなんとか数えていけるような気もしますが、テスト中にこの形をきちんと描くのも至難の業です。ここで問われているのはやはり"数え方の工夫"です。

今回役に立つアイディアこそ、「すべて同じ回数ずつ重複して数える」という考え方です。この立体を一度切り開いて、もう一度正五角形の紙に戻してみます。そうすると、12枚の正五角形の紙に、頂点がそれぞれ5つずつあるので、全部で60個の頂点がありますね。しかしこれがそのまま答えになるわけではありません。立体に組み立てるとき、いくつかの頂点が重なって、頂点の数は減ってしまうからです。

それでは、具体的にはどう"減って"いるのでしょうか。ここで立体の1つの頂点につき、もとの面の頂点が3つずつ重なっていることに気づきますか。つまり、この「60個」という頂点の数は、

立体の頂点の数を3回ずつ数えたもの、ということができます。よって、立体の頂点の数は、60 ÷ 3 = **20個**、です。

辺の数も同じです。正五角形の紙に戻した状態なら、辺の数は 12 × 5 = 60本ですね。立体に組み立てるとき、これらは2本ずつ重ねるので、立体にしたときの辺の数は 60 ÷ 2 = **30本**となります。

🖊 組み合わせの問題もすべて同じ回数ずつ重複して数える

"すべてを同じ回数ずつ重複して数える"という発想は、次のような問題でも利用できます。

【問題】

赤、青、黄、緑、黒の5色のペンの中から異なる3色のペンを入れたセットをつくるとき、異なるセットは何通りできますか。

(2014 足立学園中)

これは、中学高校で登場する、「組み合わせ」の問題ですね。あの「C」が出てくるやつです。

「5色のペンから3色を選んで並べる並べ方」なら、先ほどやった順列と同じでしょう。$_5P_3 = 5 × 4 × 3 = 60$通り、となります。しかし、今回のような組み合わせの問題では、「赤、青、黄」というセットと「赤、黄、青」というセットは、同じセットだと考えなければなりません。どうしましょうか。

せっかくなので、「60通り」は利用したいですよね。そこで、この60通りのうち、"セット"として同じものがいくつずつあるかを調べてみます。

赤青黄	赤青緑	赤青黒	赤黄緑	赤緑黒	…
赤黄青	赤緑青	赤黒青	赤緑黄	赤黒緑	…
青赤黄	青赤緑	青赤黒	黄赤緑	緑赤黒	…
青黄赤	青緑赤	青黒赤	黄緑赤	緑黒赤	…
黄赤青	緑赤青	黒赤青	緑赤黄	黒赤緑	…
黄青赤	緑青赤	黒青赤	緑黄赤	黒緑赤	…

1つの"セット"につき、中身が同じものがすべて6回ずつ出てきていますね。つまり、"セット"の種類は60 ÷ 6 = **10通り**です。

さて、今回の問題はこれで答えが出ましたが、この「6」という数字がどこからきたのかやはり気になるところでしょう。

そこでたとえば、「赤と青と黄」のセットに注目します。このセットと中身が同じ「6個の順列」は、「赤と青と黄」を並べ替えたものになっていますね。つまり、その数は $_3P_3 = 3 \times 2 \times 1 = 6$ という計算で求めることができるはずです。

ここまでの考え方を整理すると、「10通り」という答えは次のような計算で求められる、ということになります。

$$(5 \times 4 \times 3) \div (3 \times 2 \times 1) = 10$$

せっかくなので、「C」の記号も使ってみましょう。「$_nC_r$」と書くと、それは「異なる n 個のものから r 個のものを選ぶ選び方の数」を表し、その値は $_nC_r = \dfrac{_nP_r}{_rP_r}$ で計算できます。今回の問題なら、$_5C_3 = \dfrac{_5P_3}{_3P_3} = \dfrac{5 \times 4 \times 3}{3 \times 2 \times 1} = 10$ となります。さっきの計算と同じですね。ちなみにCは「**組み合わせ：Combination**」の頭文字です。

"集合"の概念を利用する

第7章 物の数を正確に数える工夫

【問題】

図のように、5つの点 A, B, C, D, E のうちの3点と3つの点 F, G, H のいずれかを結ぶまっすぐな線を3本引きます。ただし、1つの点から2本以上の線を引くことはできません。

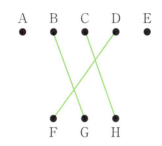

(1) 3本の線の引き方は全部で何通りありますか。
(2) 結んだ3本の線のうち、少なくとも2本が交わるような線の引き方は全部で何通りありますか。

(2014 慶應義塾中等部 表現改)

> Hint!
>
> (1)はこれまででてきたアイディアのうちのどれかを使えば解くことができます。
> (2)はまた新しいアイディアが必要ですね。1本も交わらない引き方は何通りあるでしょうか。

全体から"いらないもの"を引く

(1) は今までと同じように考えましょう。下段の3つの点F, G, Hは必ず使うことになるので、それらの相手がどの点か、という視点で考えます。Fの相手はA, B, C, D, Eのうちのどれかなので、Fの相手によってはまずは5つの"グループ"に分かれます。以下も同様にグループ分けしていくと、

$$\begin{cases} F と A \\ F と B \\ F と C \\ F と D \\ F と E \end{cases} \longrightarrow \begin{cases} G と B \\ G と C \\ G と D \\ G と E \end{cases} \longrightarrow H と C, H と D, H と E$$

となります。つまり、5 × 4 × 3 = **60通り**、が答えですね。

問題は (2) です。「少なくとも2本が交わる線の引き方」というのは、例で与えられている引き方も数えますし、図1のように3本とも交わる引き方も数えます。逆に、図2のように、まったく交わらない引き方は数えません。

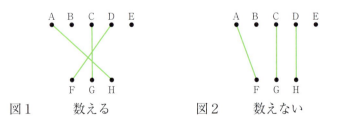

図1　数える　　　　　図2　数えない

まずは実際に"数えるべきもの"を列挙していって、どういうふうに"グループ分け"をすればいいのかを考えていくのが王道です。

しかし今回は、それだけではなかなかいい案が見えてこないでしょう。そこで、また新しい発想の工夫を使ってみます。それは、"いらないものを数える"という方法です。線の引き方が60通りある、というのは（1）で計算しました。そこから"いらないもの"つまり「線がまったく交わらない引き方」の数を引けば、「少なくとも2本が交わる線の引き方」の数が出てきますね。線がまったく交わらない引き方の数は、全部書き出して数えてもそれほど多くありません。

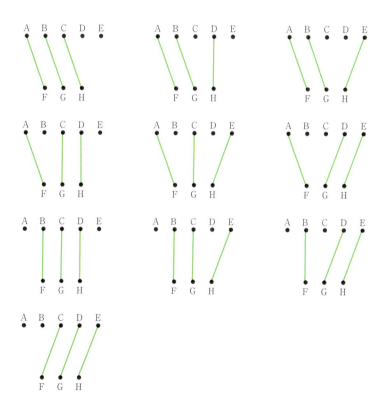

以上、10通りです。よって答えは 60 − 10 = **50通り**となります。

数えたいものを直接数えるのが難しいとき、"いらないもの"を数えて、それを全体から引く、というのも重要なアイディアです。
　この問題のイメージ図は、右のようになります。アの領域は「3本とも交わらない線の引き方」を、イの領域は「少なくとも2本以上が交わる線の引き方」を表しています。こうすると、ずいぶんとわかりやすくなりませんか。

✏ グループ同士の"重なり"に注目する

【問題】
　1から99までの整数の中で、9の倍数でなく、かつ各桁の数字に9を含まないものは何個ありますか。
(2009 灘中 改)

　これは、昔とある芸人さんが「1から順に数を数えていき、3の倍数と3が付く数字を言うときにアホになる（変な声を出す・変な顔になる）」というネタでブレイクしたときに流行った問題です。そういった問題作成者の遊び心が見えると、少し楽しくなりますね。

　さて今回の問題も、9の倍数で"ない"数、各桁の数字に9を含ま"ない"数を数えたいので、全体から9の倍数や9が使われている数の個数を引けばよさそうです。1～99までの9の倍数は11個ですね。9が含まれている数はいくつでしょうか。1の位に9が使われている数は9, 19, 29, …, 99の10個、10の位に9が使われている数は90～99の10個あります。しかし、これを合わせてしまうと99が2回数えられているので、実際には19個です。よって、答えは99 − 11 − 19 = 69です。さてこれは、正解でしょうか。

グループ分けするときは、グループ同士で重ならないことが大事だ、という話をしました。しかし、時と場合によっては、グループ同士が重なってしまうこともあります。今の場合、「9の倍数」というグループと「各桁の数字に9を含む数字」というグループはよくよく考えると重なっていますね。たとえば90などはどちらのグループにも入ってしまっています。どうすればいいのでしょうか。

一つの手段として、グループ分けをもう一度考えなおして、お互い重ならないような新しい"グループ分け"を考える、という方法はあるでしょう。しかしここでは、もう1つの手段、重なっているなら重なっているで「どう重なっているのか」をきちんと把握する方向でやってみます。

この問題のそれぞれのグループの重なりを図にすると、右のようになります。

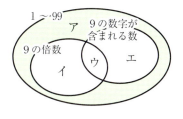

確かに「9の倍数」と「9の数字が含まれる数」のグループは重なっていますが、その重なりによって、ア、イ、ウ、エの4つのグループに分かれている、と考えることもできます。求めたいのはアのグループの数ですね。4つのグループの合計は99個なので、ここからイとウとエの合計を引けば、答えを求めることができます。イとウの合計は11個、ウとエの合計は19個でした。あとはウのグループの数がわかれば、なんとかなりそうです。ウは「9の倍数で9の数字が含まれる数」というグループなので、9と90と99の3個の数が入っています。よって、イの数が8個、エの数が16個とわかり、答えは99 − (8 + 3 + 16) = **72個**となります。

「集合」は"論理的思考"の基礎

ここまで繰り返し利用してきた"グループ"の考え方は、学習を進めていくと「**集合**」の概念へとつながっていきます。「集合」は、現代数学の根幹にも係る非常に重要な概念です。

集合同士の重なりを見ることは、"論理"を考えることにもつながります。たとえば「金持ちになると幸せになれる」というのが正しいかどうかを考えたいとき、「金持ちな人の集合（A）」と「幸せな人の集合（B）」の重なりを見るのです。2つの集合の重なり方は、以下の5パターンしかありません。このどれに当てはまるかで「金持ちになると幸せになれる」が正しいかどうか決まります。

もしアだったら、金持ちな人はみんな幸せなので、「金持ちになると幸せになれる」というのは正しいでしょう。しかし、金持ちでなくても幸せな人はいるので、金持ちにならないと幸せになれない、というわけではありません。イなら、金持ちになっても幸せになれるとは限りませんが、幸せになるためには少なくとも金持ちにならなければなりません。ウなら、金持ちになれば幸せになれますし、金持ちにならなければ幸せになれません。エなら、金持ちになることと幸せになることはあまり関係ない、といえるでしょう。オなら、金持ちになると幸せにはなれない、ということになります（実際にはおそらくエのパターンでしょう）。

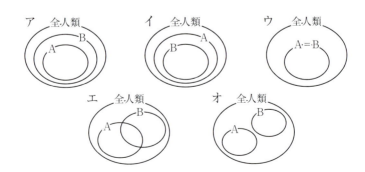

"別の集合"と対応させる

【問題】

　1辺の長さが8cmの小さい正方形の紙をはりあわせて大きい正方形をつくります。

　のりしろを1cmとして、たて、よこ12枚ずつ、全部で144枚の小さい正方形の紙をはりあわせます。大きい正方形の面積は何cm²ですか。

(2014 桜蔭中 改)

> Hint!
>
> 大きい正方形の1辺の長さを出すのがこの問題の主題です(そこから先は計算が面倒なら電卓を使って構いません)。そのまま並べると12×8＝96cmのはずですが、のりしろの分だけ短くなりますね。さて、のりしろは全部で何cm分あるでしょう。

解いていく途中で"物の数を数える"問題もある

これは物の数を数える問題ではないのでは、と思いましたか。確かに、「何個ですか？」「何通りですか？」とは聞かれていません。しかしそもそも、何かを数えるのはそれ自体が目的でないこともあるでしょう。解いてみればわかりますが、この問題も、解いていく途中で"物の数を数える"ことになります。

大きい正方形の面積は、はりあわせた後の1辺の長さがわかれば求めることができますね。たても横も同じ長さになるはずなので、ここは横の長さだけ考えます。

小さい正方形をそのまま横に並べるだけなら、8 × 12 = 96cmになるでしょう。しかしのりしろの分、これより短くなります。のりしろは1つにつき1cmなので……、と考えたとき、のりしろの数は何個かわかりますか。12枚の紙をはりあわせるから12個でしょうか。ここでのりしろの数を"数える"必要が出てくるわけです。

結論からいうと、のりしろの数は11個です。つまり横の長さは96 − 11 = 85cmになり、答えは85 × 85 = **7225㎠**です。

「木の本数」と「間隔の数」の1つ違いの理由は？

なぜのりしろは、12個ではなく11個なのでしょうか。ここで出てくるのがいわゆる「**植木算**」というものの考え方です。植木算の典型的な問題は、次のような形をしています。

> 【問題】
> 100mの道があります。この道にそって、端から端まで5m間隔で木を植えていくとき、全部で木は何本必要ですか。

「植える木の本数」を数えるから、「植木算」ということですね。

初めてこの問題を見ると、100 ÷ 5 = 20 本とする人は多いです。しかし答えは21本です。ここでもやはり数が1つずれています。この"1つ違い"はどこからくるのでしょう。

100 ÷ 5 = 20 としたとき、実は木の本数を数えているわけではありません。道のりを間隔の長さで割っているのだから、答えとして得られるのは「間隔の数」のはずです。つまり本当なら、ここから「間隔の数」と「木の本数」の関係を考えなければいけなかったのです。それでは実際に考えてみましょう。

間隔が一つにつき木が1本ある、と思うかもしれませんが、順番に対応させていくと図のように1本余ります。先程から出てきている"1つ違い"は、この余った1つが原因というわけですね。

「数えやすいもの」を数えるのも工夫のひとつ

植木算の問題では、数えたいものを直接数えているわけではありません。「木の本数」を数えたいとき、それに対応する「間隔の数」を数えています。これも、物の数を数えるときの大事な工夫の一つです。数えたいものを直接数えるのが難しいとき、それと対応する別の「数えやすいもの」を数えればいいのです。たとえば「放課後、校舎内に残っている生徒」の数を知りたいとき、校舎の中を走り回って順番に数えていくのはとても難しいですよね。そんなときは、「下駄箱にない上履きの数」を数えればいいでしょう。

この発想を使ってひとつ問題を解いてみます。

【問題】
右の図のように、正五角形に対角線を引きました。この図の中にはいくつの三角形がありますか。

(2006 麻布中 改)

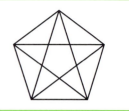

まずは種類ごとに分けます。5種類の三角形は見つかりましたか。

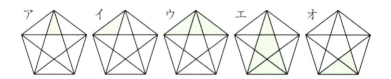

あとは、それぞれの数を数えればいいだけです。アやイはそれぞれ5個ずつですね。その他の形はどうでしょう。正確に数えていくのはなかなか難しいかもしれません。そこで、"別の数えやすいもの"を数えてみます。例えば、ウの形を数えるとき、対角線に注目してください。

そうすると、対角線1本につきウの三角形は2個ずつくっついていることがわかります。対角線の数は5本なので、ウの三角形は10個です。エやオは辺と対応させるのがいいでしょう。エは1つの辺につき1個ずつ、オは1つの辺につき2個ずつあるので、それぞれ5個、10個となります。すべてあわせて、**35個**が答えです。

抽象的な物の対応を見抜く力

対応させるのは、具体的なもの同士でなくてもかまいません。

【問題】
　整数3は、0より大きく3より小さい2個以上の整数の和の形で1＋2、2＋1、1＋1＋1のように3通りに表せます。同じように考えると整数4は、0より大きく4より小さい2個以上の整数の和の形で何通りに表せますか。
(2004 東大寺学園中)

この問題でも、「4の分け方」を直接数えるのではなく、「別の物を数える」方法を使ってみましょう。さてこの場合、何を数えればいいでしょうか。

この問題は難しいので、先に結論を言ってしまいます。今回数えるのは、「4つのものを並べたときの、間に仕切りを置く方法」の数です。

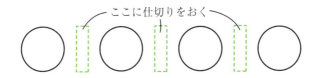

たとえば、○｜○○○、というふうに仕切りを置くと、これは「1＋3」に対応します。○○｜○｜○なら「2＋1＋1」です。そうやって対応させていくと、「4を整数の和で表す方法」は「4つのものの間に仕切りを置く方法」と同じ数ずつある、といえます。

4つのものの間に仕切りを置く方法は、一番左の隙間から順番に、「置く・置かない」で2通りずつに分岐していきます。よって全部で8（＝2×2×2）通りです。しかし、すべて「置かない」を選択すると、それは「4」に対応してしまうので、その分を減らさな

ければなりません。つまり、答えは **7 通り** です。（ちなみにこの問題は、92 ページの問題と本質的には同じです。あのときの「一般項」の意味は、今回のような解き方をすれば見ることができます。）

　実際に 7 通りくらいだとすべて数えていっても正解できそうですが、この方法のいいところは、分ける数が 4 より大きくなっていっても同じように計算で答えを出すことができる、というところです。順番に数えていく方法と比較して、"極めて正確性の高い方法" ということができるでしょう。

　今回のような抽象的なもの同士の対応関係を見抜く力は、場合の数のセンスといえるのかもしれません。さすがにこのレベルのものは自力で思いつける人も少ないでしょう。今回の問題は「そういうやり方もあるんだな」と納得していただければ、それで十分です。しかし、様々な問題を解いていく中で、こういった宝石のような素敵なアイディアに出会うことができるというのも、場合の数の問題の魅力です。魅力的なアイディアと出会うことは、自分の感情を豊かにし、感覚を鋭くしていくチャンスでもあるのです。
　ぜひ、たくさんの問題に触れ、いろいろな対応づけのアイディアを堪能してほしいと思います。

＊　　＊　　＊　　＊

　中学入試では、場合の数の問題がよく出題されます。それは、ものの数を正確に数える、というのがとても難しい課題だからです。もれなくダブりなく緻密に数え上げる力、本質を見極め複雑なものを整理する技術、状況に応じて適切な発想を使い分ける知恵、それらがすべて試されるのが、場合の数の問題なのです。

"算数"の向こうにつながる
"数学"の世界

+α

Introduction

中学入試は"数学"の宝箱である

ここまで、様々な中学入試の問題を解くことで、"算数"の向こうにつながる"数学"の世界のイメージを見てきました。

しかしもちろん、今までの話だけで、そのすべてを紹介しきれたわけではありません。ジャンルの都合で書くタイミングがなかったもの、話の流れを優先するために省いたものなど、まだまだ紹介できていないテーマはたくさん存在します。

最後の章では、そういったここまでで書ききれなかったもののうち、「それでもやはりこれは紹介しておきたい」と思ったテーマを3つ選びました。

1つ目は「論理パズル」の問題です。論理パズルの解き方を紹介しながら、日常生活における"論理"と数学における"論理"の違いを見ていきます。

2つ目は、「離散数学」の範囲から「グラフ理論」を紹介します。「離散数学」とは、離散的な（連続でない）もの、つまり、平たく言えば"バラバラなもの"を扱う数学です。聞き慣れない名前なので、なんだか難しそうに感じるかもしれません。しかし、学校数学では表立って名前が出てこないだけで、整数や数列、場合の数なども、この「離散数学」の範疇です。

3つ目は、「平均（特に、加重平均）」を扱います。平均は、昨今重要視されだした「統計」でも重要な概念です。「平らに均す」以外のイメージを、ぜひつかまえてください。

論理的思考とは

【問題】

①、①、②の３枚のカードがあります。この３枚のカードを裏向きにしてよく混ぜて、A、Bの２人が１枚ずつ選び、おたがいに自分のカードの番号は見ないで相手に見せます。

AはBのカードを見ても自分のカードの番号はわかりませんでしたが、「自分のカードの番号はわかりません。」というBの発言を聞いて、自分のカードの番号がわかりました。A、Bが選んだカードの番号を答えなさい。

(2010 四天王寺中)

> Hint!
>
> 有名な論理パズルのアレンジです。論理パズルに慣れていない人は、状況がつかめず、困惑するかもしれません。Aは最初わからなかったはずなのに、なぜBが「わかりません」と言っただけで、カードがわかるようになるんだ、と。
> この手の論理パズルでは、「わかりません」は「今ある情報だけでは答えを特定することができません」という意味だ、と考えるのがお約束です。それぞれが最初に持っている情報は、「相手のカード」と「もとの３枚のカードの内訳」です。Bの「わかりません」という答えでAがどういう"情報"を得たか、がこの問題のポイントです。

"算数"の向こうにつながる"数学"の世界

日常での"論理"と数学での"論理"

　数学を勉強するのは論理的思考力を鍛えるためだ、という人も多いでしょう。そうした風潮については、正直、少し寂しく感じています。数学を勉強するのは「数学ができるようになる」ためであって、最初から副産物を求めるものではないと思っているからです。

　とはいえ、数学をやる上で、論理的思考力が必要になるのは事実です。勉強する過程で、必然的に論理的思考力も身につくでしょう。しかしここで一つ、気をつけてほしいことがあります。それは、数学での"論理"は一般的な"論理"と少し違う、ということです。

　日常生活で"論理的"というとき、それはせいぜい「説得力がある」という程度の意味でしょう。しかし一方、数学において"論理的に正しい"といえば、それは「必ずその結論になる」という意味になります。たとえば「お腹がすいたからご飯を食べた」というのは、日常生活では特に問題のない"論理"です。しかし、お腹が空いても別に必ずご飯を食べるわけではありません。何も食べずに「我慢する」という選択もあるはずです。"そうならない"可能性がある以上、数学では、その論理は"正しい"とはいえないのです。

　論理の組み立て方も違います。日常生活では「AだからB、BだからC」とすると"論理的"ですね。一方、数学では「Aのとき結論はBかCかDだが、BとDは条件に合わない」というふうに、まずは結論の候補を挙げてそこから削る、という手順を踏みます。

日常的な"論理"　　　　　　数学での"論理"

今回の問題で、A, Bに配られたカードと残ったカードのパターンは、3通りしかありません。ここから条件にあわないものを削る、というのが、"論理的な解き方"です。

	A	B	残り
ア	1	1	2
イ	1	2	1
ウ	2	1	1

まず、「最初Aはわからなかった」から考えましょう。この条件にあてはまらないのはどれでしょうか。これは、イですね。もしBが2なら、Aは自分のカードが1だとわかるはずです。「Aがわからない」ということは、イのパターンではない、ということです。

次は「Bが『わからない』といった」という条件です。これも同様に考えましょう。もしAが2だったら、Bは自分のカードが1だとわかるはずです。しかし、「Bは『わからない』といった」ので、ウのパターンも消えます。

よって、正解は残ったアのパターン、つまり、**AもBも1を選んだ**ということになります。最後にAがわかったというのは、Aも同様の推理でこの結論にたどり着いた、ということでしょう。

"結論を保留する"力

論理的思考力というと、結論を"出す"力というイメージがありますが、結論を"出さない"力もまた、その重要な要素です。

【問題】

重さの異なる5種類のおもりがあり、その重さをそれぞれAグラム、Bグラム、Cグラム、Dグラム、Eグラムとします。測定するとA＋BはC＋D＋Eと等しく、A＋DはB＋C＋Eより大きく、B＋DはA＋C＋Eより大きいことがわかりました。この結果から、A, B, C, D, Eを大きい方から順に並べると、何通りの可能性がありますか。

(2010 灘中 一部小問略・表現改)

まず条件を整理します。絵を描くとわかりやすいかもしれません。

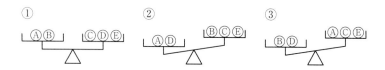

①と②を見比べてください。①→②で、BとDを入れ替えた、と見ることができますね。それによって左が重くなるということは、D＞Bでしょう。同様に①→③を見ると、D＞Aがわかります。

他にわかることはないでしょうか。D＞Aなら、①の状態からAとDを取り除くと左に傾く（B＞C＋E）はずです。同様に、DとBを取り除いても、左に傾く（A＞C＋E）でしょう。つまり、CとEはAやBより軽いはずです。よって、

D ＞ AやB ＞ CやE

となります。5つのおもりの順番として考えられるのは、(DABCE)(DABEC)(DBACE)(DBAEC)の **4通り** ですね。

この問題で大事なことは、ここで「これ以上わかることはない」と断言できるかどうかです。わかることとわからないことを、過不足なく正確に見極めることこそ、"論理的思考力"の真髄なのです。

現実世界では数学と違い、どれだけ論理を尽くしても結論が一つに定まらず、どちらを選んでも間違いではない状況になることがよくあります。そんなとき、一つの結論だけを選んで「これが正しい」とすることは、本当に論理的なのでしょうか。そういった場面でどちらを選ぶかを、人は「価値観」とよびます。その意味では、それぞれの価値観を"間違いではない"ものとしてきちんと認められる人こそ、真に"論理的な人"だといえるのではないでしょうか。

グラフ理論

【問題】

　等しい長さのはり金を切らずに曲げて重ね合わせることで、右の図のような1辺が3cmの正方形の各辺を3等分する格子状の網をつくりたい。

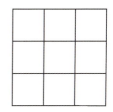

　例えば、長さ4cmのはり金を6本使う場合、図1のように6本とも同じ形のはり金だけでつくることもできるし、図2のように2種類の形のはり金を組み合わせてつくることもできます。

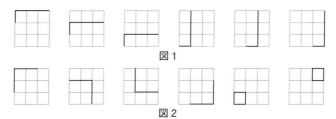

　このとき、長さ8cmのはり金3本では網をつくれないことを説明しなさい。

（2008 駒場東邦中 一部小問略）

> Hint!
>
> 「等しい長さ」と書いてありますが、実は長さはあまり関係ありません。どんな長さにしても、"3本"ではつくることができないでしょう。"針金"を鉛筆で実際に書いていくとわかりますが、要するにこの問題は「三筆書き」の問題です。

次のような3つの形があるとします。これらの形は、"一筆書き"で描くことができるでしょうか、それともできないでしょうか。

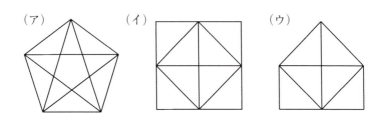

まずは"やって"みてください。（ア）はおそらく、なんとなく"やって"いるうちに描くことができるでしょう。問題は（イ）と（ウ）です。運がよければあっさり描けてしまうかもしれませんが、現実にはなかなかうまくいかないと思います。そんなとき、どこまで"やった"ら「描けない」という結論を出しますか。

方法が見つからないからできない、というのは、数学では危ういロジックです。実際のところ、（イ）は確かに無理ですが、（ウ）は描くことができます。やはり「できない」というためには、それなりの根拠が必要でしょう。そこで注目するのが、それぞれの点から出ている線の本数です。

偶数本の線が出ている点を「偶点」、奇数本の線が出ている点を

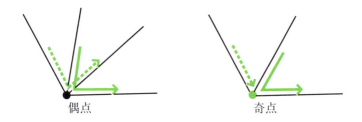

「奇点」といいます。偶点は、出たり入ったりを繰り返すと、そのまま無事通過できますね。しかし奇点のほうは、出入りを繰り返すと最後に入ったまま出られません。ルートの途中に奇点があると、そこはうまく通過することができない、ということです。それでは、奇点があれば一筆書きはできないのでしょうか。よくよく考えてみると、"入りっぱなし"でも許される点があります。それは"ゴール"ですね。同様に"スタート"も"出てくるだけ"が許されます。スタートとゴールの2箇所だけなら、奇点があってもいいのです。

ここで、先ほどの図の奇点・偶点の数を見てみましょう。（ア）は奇点がありませんね。偶点ばかりなら、どこから描き始めても構いません。だから簡単に描くことができた、というわけです。（イ）は奇点が4つあるので、そのうち2つをスタートとゴールにしても、まだ2つ残ってしまいます。つまり、一筆書きでは書けない、といえます。（ウ）は奇点が2つです。この2つのうちどちらかをスタート、どちらかをゴールにすれば、描くことができるでしょう。

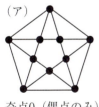

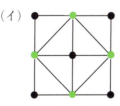

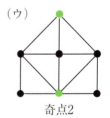

奇点0（偶点のみ）　　　奇点4　　　　　奇点2

さてここで、今回の問題を解いてみます。〈ヒント〉に書いたとおり、これは「三筆書き」の問題です。三筆なら、始点終点の候補となる奇点は3×2の6つまで許されます。しかし、この図の奇点は全部で8個ですね。だから、三筆では書けないのです。

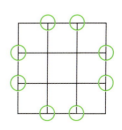

"点"と"線"に抽象化する

一筆書きというと、子供のお遊びのように見えるかもしれません。しかし実は、これも「**グラフ理論**」と呼ばれる立派な"数学"です。グラフ理論とは、"点"と"線"からなる図形「グラフ」の性質を研究する分野で、オイラーの発想に起源があるとされています。オイラーは、すでに何度か名前が出てきていますね。

18世紀プロイセン王国の首都ケーニヒスベルク(現在はロシアのカリーニングラード)に、一つのパズルがありました。この街の中央に流れるプレーゲル川には、7つの橋がかかっています。それらの橋をすべて1回ずつ通り、もとの位置に戻ってくることはできるでしょうか、という問題です。

これを解いたのがオイラーなのです。オイラーは、具体的な"橋の配置"を点と線の"図形"に抽象化して考えました。つまり、「一筆書き」の問題にしてしまったのです。結果、奇点が4つあるので一筆書きはできない、ということができました。

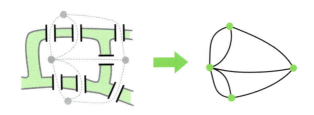

このオイラーのアイディアのように、グラフ理論の本質は、複雑なものを"点"と"線"に抽象化して考えるところにあります。

「**四色問題**」というのは聞いたことがありますか。日本地図のようなものを県ごとにぬり分けるには、最低何色必要か、という話です(隣り合う領域を違う色で塗ります)。地図会社は4色あればど

んな地図でもぬり分けられるだろう、ということを経験的に知っていましたが、それを数学者たちは数学的に証明しようとしたのです。

具体的な地図は複雑で多様なので、そのままでは扱いづらいですね。しかし、それぞれの領域を"点"、境界を"線"で表すとどうでしょう。これは"グラフ"の問題になりませんか。

グラフ理論で扱えるのは、具体的な形を持つものだけではありません。点と線に抽象化できるものであれば、たとえば「人間関係」のような抽象的なものでも扱うことができます。

特に近年、グラフ理論の需要は急激に高まってきました。それは、コンピュータサイエンスに必要だからです。ウェブサイトなどは、それぞれのページを"点"、リンクを"線"と考えると、まさに一種の"グラフ"ですね。それらを巡回していく経路の研究などは、検索システムの開発に必須でしょう。

グラフ理論は比較的歴史の浅い分野であり、"学校のカリキュラムとしての数学"にはまだ落とし込まれていません。しかしそんな世界にも、数学は拡がっているのです。

賞金100万ドルの未解決問題「P ≠ NP 予想」

グラフ理論の問題で、もうひとつ有名なテーマを紹介しておきましょう。それは「**ハミルトン閉路問題**」と呼ばれるものです。

あるグラフについて、そのグラフの"点"をすべて1回ずつ通る経路を「**ハミルトン路**」といい、さらにその中でも、スタートとゴールが一致しているものを「**ハミルトン閉路**」といいます。19世紀の数学者、ウィリアム・ローワン・ハミルトンにちなんだ名前です（ついでにいえば、一筆書きの経路は、同様に「**オイラー路・閉路**」と呼ばれます）。

あるグラフが与えられたとき、偶点・奇点を調べれば、オイラー閉路はあるかどうかがすぐにわかり、存在するならその経路もすぐにわかるのでした。それでは、ハミルトン閉路のほうはどうでしょう。実は、こちらはまだ"簡単に見つける方法"がわかっていません（"簡単に"というのは、詳しくは触れませんが、もちろん数学上の定義があります）。しかもこの「それぞれのグラフに対して、ハミルトン閉路があるかどうかを"簡単に"判別する方法」は、まだ見つかっていないだけではなく、おそらくそもそもそんな方法は存在しないだろう、ともいわれています。これが数学上で有名な未解決問題の一つ、「**P ≠ NP 予想**」と呼ばれるものです。

厳密にいえば、ハミルトン閉路問題そのものは「P ≠ NP 予想」ではありませんが、ハミルトン閉路問題を"簡単に"解くアイディアを見つけるか、もしくはそういった方法が存在しない、と証明することができれば、「P ≠ NP 予想」を解決することができます。

ちなみに、この「P ≠ NP 予想」には他のいくつかの未解決問題とともに、クレイ数学研究所によって"100万ドル"の懸賞金がかけられています。興味のある人は、ぜひ挑戦してみてください。

加重平均

【問題】

　これまでのA君のテストの平均点は81点でしたが、今回95点をとったので平均点が83点になりました。今回のテストはA君にとって何回目のテストでしたか。

(2014 中央大学附属中)

> Hint!
>
> 「平均点が81点」のところに95点のテストを持ってきたとき、「(81 + 95) ÷ 2 = 88」とならないのはなぜでしょう。
> この問題では、"平均"の概念をきちんと理解しているかどうか、が問われています。

「平均」＝「平らに均す」というイメージ

「**平均**」は、日常生活と比較的距離の近い概念でありながら、学校の算数・数学ではあまりきちんと扱われず、そのため、いまいち理解しきれていない人の多い概念でもあります。実際、漠然と「足して2で割るもの」くらいで捉えている人も多いでしょう。今回は、その「平均」のイメージに迫ります。

「平均」の最も原始的な理解は、「平らに均す」ということです。"文字通り"ですね。そのイメージで解く場合、面積図を使います。右図のように、合計点を面積で表しましょう。（ア）の部分が今までのテスト、（イ）の部分が今回

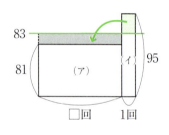

のテストです。これを平均すると、出っ張った部分が凹んだ部分を埋める（つまり、グレーと薄緑の長方形の面積が等しい）と考えるので、$(95 - 83) \times 1 = (83 - 81) \times □$ となり、□は **6** とわかります。

「平均」＝「つりあい」というイメージ

「平均」は、「平らに均す」と捉える以外に、もう一つ別のとらえ方があります。それは「つりあう場所」ととらえる方法です。

先ほどの問題に戻ると、「95点」を取ったテストは1回だけです。現在の平均点である「81点」のほうが、今までのテストの回数がある分、最終的な平均点への影響は大きいでしょう。そう考えると、「$(81 + 95) \div 2 = 88$」が間違いだというのはすぐわかりますね。実際にはもっと81に近くなるはずです。

それでは、具体的にはどれくらい"近く"なるのでしょうか。そのイメージをうまく捕まえることができるのが、図のような「**天秤図**」です。天秤の腕は、数直線を切り出したものと考えてください。

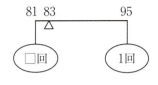

平均を出したい数値をここに並べます。今回の問題では「点数」ですね。そこに"重り"として「回数」を吊り下げます。そうして、これが天秤としてどこで"つりあう"かを考えるのです。モーメントを計算して、先ほどと同じ (95 − 83) × 1 = (83 − 81) × □ という式でもいいですが、腕の長さがおもりの重さに反比例することを利用して、(95 − 83) : (83 − 81) = □ : 1 でも構いません。いずれにしても、答えは6となります。

この天秤図は、"テクニック"として批判されることも多いです。確かに、「天秤のつりあい」が「平均のつりあい」と一致することを、数学的に理解するのは簡単ではないでしょう。理解していないものを使うな、という立場も、ある程度はわかります。しかし、平均の"つりあい"という性質をイメージで端的にとらえるのに、これ以上の道具はありません。"理解"を後回しにしてでも、積極的に使っていくべきものだと私は思います。

「食塩水」は方程式の問題ではない

【問題】
4.2%の食塩水40gに3.7%の食塩水を何g混ぜると3.9%の食塩水ができますか。
(2013 成城学園中)

70ページで、「つるかめ算は方程式とは別の概念だ」という話をしました。同じように、中学に入ると方程式で解く問題の中で、こ

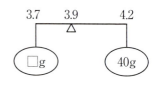

れは方程式ではない、というものがもう一つあります。それは「食塩水」の問題です。今回のような問題は、本質的には実は「平均」の問題です。つまり、利用するべきなのは天秤図でしょう。図を描けば 0.3：0.2 ＝ □：40 とわかり、□ ＝ **60g** となります。

この問題を方程式で解くなら、たとえば次のように、混ぜる前と後の食塩の量を等号で結ぶ感じでしょうか。

$$\Box \times \frac{3.7}{100} + 40 \times \frac{4.2}{100} = (\Box + 40) \times \frac{3.9}{100}$$

なんだか面倒くさそうですね。方程式を立てるのに失敗して、もっと下手な式をつくってしまうと、さらに計算は複雑になります。

数学は別に、「面倒くさく解かないといけないもの」というわけではありません。確かに中学以降本格的に"数学"になると、それまでの"算数"では大目に見られていたことでも、もう少し厳密さが求められるようになってきます。その分、多少面倒くさくなる、というのも事実でしょう。しかしこの食塩水の問題に関しては、方程式で解くことで手順が複雑になる、というのは、単純に本質を外した下手な解き方をしている、というだけの話です。

✏️ つるかめ算でも「平均」を利用できる

ここからは少し余談ですが、平均の考え方や天秤図は、実はつるかめ算を解くために使うこともできます。

【問題】

(1) 的に当てると8点もらえ、はずれると5点ひかれるゲームをします。初めの持ち点を100点として、ゲームを20回しました。得点が156点だったとき、的に何回当てましたか。

(2013 開智中 表現改)

(2) 10g、30g、50gの3種類のおもりが合わせて20個あり、そのすべての重さは700gです。10gと30gのおもりの数が同じであるとき、50gのおもりは何個ありますか。 (2014 足立学園中)

(1) を普通につるかめ算として解くなら、全部当てたら、と考えていけばいいでしょう。1回はずすごとに、合計点が差し引き13点ずつ減る、ということがわかれば特に問題ありません。

これを今回は「平均」で解いてみます。20問で56点増えたので、1回あたりの得点の平均は2.8点ですね。つまり、8点と−5点を何回かずつ合わせた20回分の平

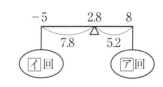

均が2.8点だ、と考えるのです。腕の長さの比が7.8：5.2 = 3：2なのでア：イ = 3：2です。ア＋イ = 20から、ア = 12、イ = 8となります。

(2) は「3つのつるかめ算」と呼ばれるタイプです（ここまでくると「つるかめ算」と呼んでいいのか怪しい気もしますが）。

これを天秤にすると、次のような感じです。

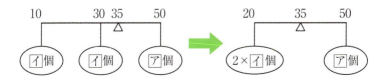

20個で700gなら、平均は35gです。3つの"おもり"を同時に扱うのは難しいので、2つずつで考えましょう。「10g」と「30g」が同じ個数なら、この2種類を平均すると「20g」になりますね。そうすると、左右の腕の長さが同じになるので、ア＝イ×2です。ア＋（イ×2）＝20個なので、答えはア＝ **10個** です。

　今回のように"重さ"をつけて平均をとる方法を、「**加重平均**」と言います。この加重平均も含め、平均の概念は統計学において重要な役割を果たします。統計教育の必要性が叫ばれる昨今ですが、しかしながらその要となる「平均」については、全部足して頭数で割る、くらいの話しか学校では出てきません。本当に統計の感覚を身につけたいなら、「天秤図」なども利用して、まずは「平均」のイメージをつくっていくことが重要ではないでしょうか。

＊　　＊　　＊　　＊

　中学入試には、学校で習っていないことが出る、という批判があります。中学入試で勉強したことは、その後の"数学"の勉強で役に立たない（だからやる必要はない）、という人もいます。
　しかし、よくよく考えてみてください。"算数・数学"というのは別に学校で学習するものだけではないはずです。
　算数・数学は、学校で習うこと以外にも、面白いテーマがたくさんあります。そういった題材に興味を示さない子供が、"名門"中学に入る意味はあるのでしょうか。中学・高校でやらない数学は、確かに"学校数学"の勉強には役に立たないかもしれません。だからといって、それらは本当にやらなくていいものなのでしょうか。
　中学入試の算数は、中学・高校で扱わない"数学"とも触れ合える、むしろ大事な機会だといえるでしょう。

"本当"の算数・数学教育とは何か ——おわりに

　数学を勉強するのは、数学ができるようになるためだ。

　本文でも少し触れたこの私の理念は、実は大学時代の恩師のおっしゃっていたことだったりもします。
　恩師とはいっても私が勝手にそう仰いでいるだけで、本来直接のご縁はなかったところを、私が一方的に押しかけ、ゼミに潜り込ませていただいたり、卒論の相談に乗っていただいたりした先生です。
　その先生が退官する際の、最終講義でおっしゃったのが、上記の言葉でした。「数学を勉強するのは数学をするためだ。長い教員生活の中でいろいろと考えたが、結論はそこに落ち着いた」と。正直なところ、その話を聴いてすぐに意味を理解できたわけではありません。しかしよくわからないながら、深く印象に残ったのです。

　それから時が経ち、小学生から大人まで、様々に算数・数学指導をしていく中で、私自身も「何のために算数・数学を勉強するのか」という問いと向き合うことになりました。大局的、理想論的な話を別にすれば、個々人のレベルでのこの問いに対する現実的な"答え"は実は結構明確で、しかも多種多様です。学校の授業についていけるようになりたい、学校のテストでいい点を取りたい、学校の授業より先のことを勉強したい、中学受験をしたい、高校受験をしたい、大学受験をしたい、教養として身につけたい、論理的な思考の基盤を作りたい、……etc。そういった個々の"ニーズ"に直面するたび、何を教えようか、どういう算数・数学を教えようか、と考えました。しかし最終的にたどり着いたのは、どの"算数・数学"も根本的にはすべて同じものだ、という結論だったのです。

よくよく考えてみると、それは当たり前のことでした。算数や数学は、当然のことながら、受験のためにつくられたものではありません。それどころか、そもそも学校の授業のためにつくりだされたものですらありません。本文でも書きましたが、数学は人類の叡智の蓄積です。たとえ受験科目から"数学"が消えてしまっても、学校の授業で"数学"を教えなくなっても、人類が思索をやめないかぎり、そこに「数学」はあるのです。

　それならば、私がやるべきことはその「数学」を教えることではないか。そう思ったとことで、恩師の言葉がようやく腑に落ちてきました。「数学」を勉強すれば、より難しい「数学」を理解することができます。そうして「数学」をきちんと習得していけば、学校のテストでも入学試験でも、いい点数を取ることができるでしょう。学校を卒業して"数学"と離れたあとでも、身に着いた「数学」は必ず何かに役立てることができるはずです。
　それなら私は、すべての学習者に対して「数学」の習得をサポートしていこう、そのために、「数学」の姿を正確にとらえ、それを学習していく道筋を追究していこう、そう決めたのです。

　中学入試を巡る議論は様々にあります。その中で私が歯がゆく思っているのは、「中学入試の算数と中学入学以降の数学は別のものだ」という認識を、多くの人が持っていることです。しかし突き詰めるとそうではないことは、この本で見てきたとおりです。それらは本質的には同じ「数学」を、別の面からとらえたものに過ぎません。別々のものとして切り離すのではなく、むしろ重ね合わせて見たほうが、より「数学」への理解が深まるのではないでしょうか。
　本書が「数学」を学びたい人の一助になれば幸いです。

2015 年 11 月　小田敏弘

小田敏弘（おだ　としひろ）

数理学習研究所　所長。灘中学・高等学校、東京大学教育学部総合教育科学科卒。小学校時代は"算数のできる人"として過ごし、算数オリンピックにも2大会連続で決勝大会に進出。灘中時代も、広中杯全国中学生数学大会で決勝大会6位入賞などの結果を残す。高校進学後は教育問題に関心を持ち、東京大学教育学部に進学。大学卒業後は、「学校についていくため」「受験のため」「楽しむため」などといった表面的には多様な算数・数学学習ニーズにも、掘り下げれば根本には同じ形をした"本質的な数理学習"があるはず、という考えのもと、数理学習研究所を設立。その"本質的な学習"の形を追求し、それをそれぞれのニーズに合わせて提供するべく、さまざまな活動を展開している。
著書に『できる子供は知っている　本当の算数力』（日本実業出版社）、『東大文の会式　東大脳さんすうドリル』（幻冬舎エデュケーション）などがある。

公式サイト:くろたけ.net
http://kurotake.net

本当はすごい小学算数

2015年11月20日　初版発行
2016年６月１日　第５刷発行

著　者　小田敏弘　©T.Oda 2015
発行者　吉田啓二
発行所　株式会社日本実業出版社　東京都文京区本郷3-2-12 〒113-0033
　　　　　　　　　　　　　　　　大阪市北区西天満6-8-1 〒530-0047
　　　　編集部　☎03-3814-5651
　　　　営業部　☎03-3814-5161　振替　00170-1-25349
　　　　　　　　　　　　　　　　http://www.njg.co.jp/
　　　　　　　　　　　　　　印刷／厚徳社　　製本／共栄社

この本の内容についてのお問合せは、書面かFAX（03-3818-2723）にてお願い致します。
落丁・乱丁本は、送料小社負担にて、お取り替え致します。

ISBN 978-4-534-05299-5　Printed in JAPAN

日本実業出版社の本

できる子供は知っている
本当の算数力

小田敏弘 著
定価本体
1500円(税別)

多くの人が陥っている、問題を「処理する」だけの算数ではなく、ほんとうに「解く」算数ができるようになる本。開成、灘、ラ・サールといった有名校の入試問題や算数オリンピックの問題を例として、数・図形・論理の本質と、「問題の解き方」を解説します。

はたらく数学
25の「仕事」でわかる、数学の本当の使われ方

篠崎菜穂子著／
公益財団法人
日本数学検定協会 監修
定価本体
1400円(税別)

「数学は本当に役立つの?」「どこで使うの?」という素朴な疑問を解説。美容師、パティシエ、パイロット、不動産販売員、薬剤師、天文学者、プログラマなど25の仕事のエピソードでやさしく解説。数式の少ない、大人も子供も楽しく読める内容です。

数学女子智香が教える
仕事で数字を使うって、こういうことです

深沢真太郎 著
定価本体
1400円(税別)

ビジネスシーンで役立つ数学的考え方をストーリーで解説。アパレル会社に勤める数字音痴でファッションバカの主人公・木村と数学女子・智香の会話を楽しみながら、平均の本当の意味や標準偏差、相関係数、グラフの見せ方まで身につけることができる一冊。

定価変更の場合はご了承ください。